조경

LANDSCAPE ARCHITECTURE: A Very Short Introduction, First Edition

첫단추 시리즈

조경

이언 H. 톰프슨 지음
황주영 옮김

교유서가

차례

머리말

조경은 우리가 생활하며 일하는 일상적인 장소를 만드는 데 중요한 역할을 한다. 그 기원이 되는 환경을 조작하는 작업이 건축이나 공학만큼 오랜 역사를 지녔음에도 조경은 많은 나라에서 널리 알려져 있지 않다. 그 이유는 이 책에서 설명하고자 하는 의문 중 하나이지만, '조경(landscape architecture)'이라고 하는 기묘하고도 오해의 소지가 다분한 업역의 명칭 탓도 크다. 어쩌다 이 명칭이 붙게 되었는지에 대해서는 논쟁의 여지가 있다. 1858년 프레더릭 로 옴스테드(Frederick Law Olmsted, 1822~1903)와 캘버트 복스(Calvert Vaux, 1824~1895)가 뉴욕 센트럴파크 설계 공모전에 당선되었을 때 '조경가(landscape architect)'라는 명칭을 처음으로 사용했다고 한다. 하지만 조경사학자 니나 앤토네티(Nina Antonetti)의 최근 연구에 따르면 일찍이 1849년 윌리엄 앤드루스 네스필드(William Andrews Nesfield)가 자신을 '조경가'라고 칭했음을 알 수 있다. 그는 버킹엄궁에 정교한 정형식 정원을 조성하고자 했으나 빅토리아여왕과 앨버트 공이 이를 거부한 바 있다. 다른 학자들은 맨해튼에 대형 공원 조성을 주장한 선구자 중 한 사람인 설계가(designer) 겸 원예가 앤드루 잭슨 다우닝(Andrew Jackson Downing, 1815~1852)이 '최초의 조경가'라고 주장한다〔도판 1〕. 하지만 옴스테드와 복스의 눈에 띄는 성공을 통해 전문 업역으로서의 조경이 시작되었다는 데에는 의심의 여지가 없다. 옴스테드는 자연 보존과 도시 위생 개선에 기여한 것으로 유명하다. 하지만 그가 남긴 가장 위대한 유산은 매사추세츠주 보스턴, 뉴욕주 브루클린과 버팔로, 일리노이주 시카고, 켄터키주 루이스빌, 위스콘신주 밀워키 등 수많은 미국의 도시에 조성한 공원이다. 그는 영국의 풍경화식 조원술(landscape gardening) 전통에 영향을 받아 도시 환경 한복판에 목가적인 풍경을 조성해 도시민에게 소음과 번잡함, 긴장에서 벗어나 절실하게 필요한 휴식을 취할 수 있는 공간을 제공할 수 있다고 믿었다. 의미심장하게도 '그린스워드 플랜(Greensward Plan)'[1]이라는 이름의 센트럴파크 공모전 당선작에는 램블(Ramble), 시프 메도(Sheep

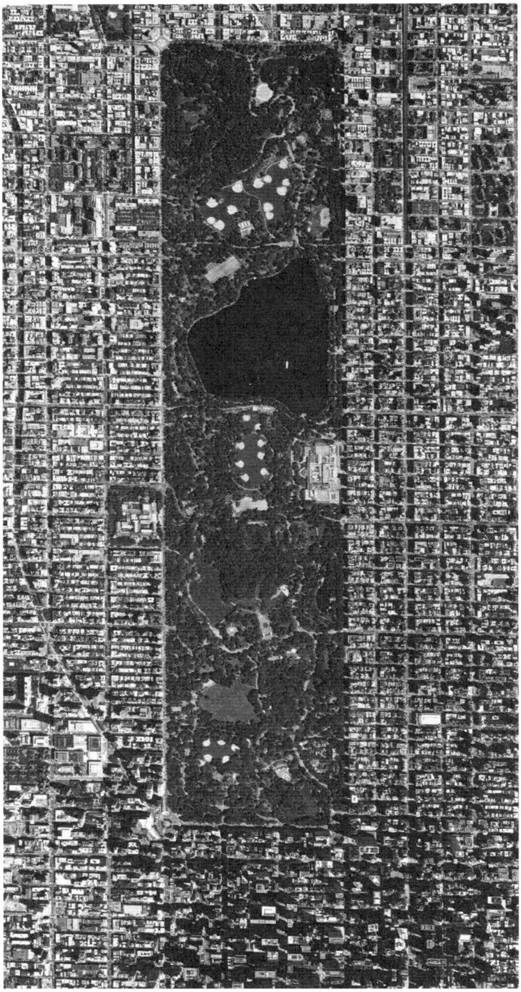

1. 뉴욕 센트럴파크의 조감도. 1858년 프레더릭 로 옴스테드와 캘버트 복스의 당선작에 따라 설계되었다.

Meadow), 딘(Dene), 그레이트 론(The Great Lawn)과 같은 요소가 포함되어 있었다.[2]

옴스테드를 조경의 창시자라고 하지만 그는 항상 조경이라는 명칭에 의구심을 품었다. 1865년 옴스테드는 동료인 복스에게 보낸 편지에서 "조경이라는 끔찍한 명명(miserable nomenclature) 때문에 줄곧 괴롭다"며 "경관(landscape)은 적당한 단어가 아니다, 건축(architecture)도 아니다. 이 둘의 조합도 적당하지 않다. 조원술(gardening)은 더 형편없다…… 이 기예(art)는 조원술도 건축도 아니다. 내가 이곳 캘리포니아에서 하고 있는 일은 더더구나 이 둘 중 어느 쪽도 아니다.[3] 이는 삼림술(sylvan art)로 원예나 농업 혹은 실용적인 삼림기술과 구분되는 예술(fine art)이다…… 이 새로운 예술을 정립하고자 한다면 케케묵은 이름을 붙이고 싶지는 않을 것이다"라고 썼다.

이 명칭으로 인해 여러 문제들이 생겼으므로 조경은 난관에 봉착했고, 조경가들은 끊임없는 오해를 받게 되었다. 첫째로 조경은 독자적인 업역이라기보다는 건축의 하위 분야로 간주되었다. 그러다보니 외과의를 전문의의 한 갈래로 보는 것처럼 조경가도 특별한 분야의 건축가로 여겨졌다. 둘째로 조경가는 정원이나 만드는 사람, 즉 조원가(landscape gardener)라는 흔한 오해이다. 대부분의 조경가들은 친구로부터 '정원에 대해 조언을 해달라'는 부탁을 받은 적이 있을 것이다. 필자의 옛 동료는 이러한 부탁에 "응, 네 정원을 둘러보고 싶지만 우선 풍력발전소에 대한 시각영향평가를 끝내야 해"라고 답을 하고 상대방의 당황한 얼굴을 보는 것을 즐긴다고 했다. 물론 이따금 조경가가 정원을 설계하기도 하지만 이는 그들이 하는 작업의 아주 일부분일 뿐이다. 대체로 조경가들은 상업구역(business parks)의 배치와 버려진 공업부지 복구, 역사적인 도시공원의 복원, (고속도로, 댐, 발전소, 홍수 방지 같은) 인프라스트럭처의 주요 부분의 위치를 선정하고 설계하는 일을 한다. 따라서 이 책 『조경*Very Short Introduction to Landscape Architecture*』은 우선 '조경이 무엇인가?'라는 질문에 답해야 한다. 오늘날 조경 실무자들이 하는 일은 매우 광범위하고 옴스테드가 이야기한 '실용적인 삼림술'의 개념 그 이상이다.

'조경이 무엇인가'라는 질문에는 여러 가지 방식으로 답할 수 있는데, 필자는 이를 혼용하고자 한다. 우선 역사적인 관점에서 조경의 뿌리와 옴스테드 및 복스의 업역이 성장, 발전하고 퍼져나간 방식에 대해 모두 살펴본다. 다른 관점에서는 오늘날의 사회에서 조경가가 하는 여러 역할, 이들이 수행하는 주문의 유형, 건축가, 도시설계가, 도시 및 시골 계획가, 환경예술가 등 다른 전문가들과의 관계를 들여다본다. 필자에게는 이다음의 방식이 가장 흥미로운데, 여기에서는 조경 분야의 이론적 토대와 이를 형성하고 인접 분야와 구분하는 다양한 미적·사회적·환경적 담론에 대해 생각해본다. '조경이 무엇인가?'라는 질문은 '왜 이것을 하는가' '왜 이것이 중요한가?'라는 질문으로 이어진다.

영국에서 교육을 받은 조경가로서 필자가 영어권(영국과 미국의 전문가들은 공통의 뿌리를 공유하고, 오스트레일리아, 캐나다, 뉴질랜드를 포함한 영국연방 국가와도 강한 유대가 있다) 세계의 관점에서 조경을 논하는 것은 어쩔 수 없는 일이다. 하지만 다른 문화권에서 찾아볼 수 있는 색다른 기원과 관점도 염두에 두고 이를 다루고자 했다. 프랑스, 독일, 네덜란드, 스칸디나비아는 모두 조경의 발전에서 중요한 역할을 해온 나라인데, 오늘날 가장 빠른 속도로 성장하는 곳은 중국이다. 중국은 정원 문화에 있어 서양만큼이나 오랜 전통을 갖고 있으나 조경은 비교적 최근에야 받아들였다. 이는 1979년[4] 이후의 급격한 경제 발전과 이에 따른 대규모의 물리적·사회적 발전과 관련이 있다. 조경에 대한 서구적 관념이 중국 문화에 접목되는 방식을 보는 것도 흥미롭지만, 우리는 머지않아 중국적 사고와 실천방식이 세계 곳곳의 조경 실천에 영향을 미치는 것을 목도하게 될 것이다.

용어(terminology), 특히 문화 간 비교를 할 때 용어에 대한 혼란은 상당하다. 심지어 영어권 국가에서도 용례가 다양한

데, 예를 들어 독일어나 프랑스어로 이에 해당하는 용어를 명명할 때의 문제는 더욱 까다롭다. 이 주제만 가지고도 '첫단추' 시리즈 책 한 권을 쓰고도 남을 것이다. 그래도 용어의 정의나 의미의 뉘앙스에 대한 논의를 피하기는 어려울 테니 필자가 이 책에서 다루는 몇몇 핵심 용어를 정리해보겠다.

경관(Landscape) 이는 애매한 용어이지만 경관은 "사람이 인식한 구역으로, 자연적이고/이거나 인적 요인의 작용과 상호작용의 결과를 그 특성으로 지닌다"고 서술한 유럽경관협약(European Landscape Convention)의 정의가 유용함과 더불어 널리 인정받고 있다. 이 정의는 경관이 땅의 한 구역이라는 물리적 개념뿐 아니라 '사람이 인식'한다는 심리적이고도 사회적으로 공유된 개념을 모두 담고 있기 때문에 유용하다.

조경(Landscape architecture) 세계조경가협회(International Federation of Landscape Architect)에서는 다음과 같이 이야기한다. "조경가는 건조 환경(built environment) 내외부에 있는 옥외 환경과 공간의 계획과 설계, 관리, 그리고 보존과 지속가능한 개발에 대한 연구와 조언을 수행한다. 전문 조경가는 조경학 학위가 필요하다."

경관설계(Landscape design) '조경(landscape architecture)'이라는 용어에 결점이 있기 때문에 몇몇 사람들은 '경관설계'

라는 용어를 선호한다. 이는 거의 동의어이지만 '경관계획(landscape planning)'(다음 항목 참조)은 제외해야 한다. '조경'은 광범위한 용어이며, 국제노동기구(International Labour Organization)가 인준한 직종이기도 하다. 미국에서는 이 두 용어가 법적으로 구분되어 있다. 조경가는 특수한 교육을 받고 등록 시험에 합격해야 하는 등록업으로, 주 정부가 규제하는 직군이다. 반면 경관설계는 주 정부가 규제하지 않으며 특정 전문 분야의 학력이 필요하지 않다.

경관계획(Landscape planning) "물리적·생물적·미적·문화적·역사적 가치를 다루며, 이러한 가치와 토지 활용 및 환경 사이의 관계와 계획을 처리하는 토지 활용계획 과정의 양상"이라고 하는 유엔(UN) 교육 프로그램의 정의가 유용하다.

다시 정리하자면 가장 중요한 업역적·전문적 명칭은 '조경'이다. 설계와 계획은 서로 중복되는 활동이며, 둘 다 조경의 한 양상이다.

제 1 장

기원

'조경(landscape architecture)'이라는 용어가 처음 책에 등장한 사례는 1828년 길버트 랭 미슨(Gilbert Laing Meason)의 『이탈리아의 위대한 화가들의 풍경 건축에 관하여*On the Landscape Architecture of the Great Painters of Italy*』이다. 미슨은 스코틀랜드 출신의 인기 소설가 월터 스콧 경(Sir Walter Scott)을 친구로 둘 정도로 인맥도 좋고 공부도 많이 한 귀족이었으나 그의 추종자는 별로 없었다. 그는 경관 자체를 설계한다기보다는 풍경 속에 건물을 배치한다는 뜻으로 '풍경 건축(landscape architecture)'을 사용했다. 또다른 스코틀랜드인 존 클로디어스 라우던(John Claudius Loudon, 1783~1843)이 이 표현을 채택하지 않았다면 우리는 이 용어를 다시는 듣지 못했을 것이다. 라우던은 다작하는 설계가, 작가, 편집자였으며, 1826년에는 영향력 있는 잡지인 〈가드너스 매거진Gardener's Magazine〉을 창간했다. 그의 글을 읽은 많은 사람 중에는 미국의 앤드루 잭슨 다우닝도 있었는데, 그의 『풍경화식 조원술의 이론과 실천에 대한 논고*A Treatise on the Theory and Practice of Landscape Gardening*』는 4판에 걸쳐 약 9,000부가 판매되었다. 이 책에는 '풍경 혹은 시골의 건축(Landscape or rural architecture)'이라는 섹션이 포함되어 있다. 이러한 경로로 '조경'이라는 용어가 미국에 전해져 프레더릭 로 옴스테드와 캘버트 복스에 의해 채택된 듯하다.

'조경'이라는 표현이 1828년에 생겨났다면 이 분야의 기원이 건축이나 공학만큼 오래되었다고 머리말에서 필자가 주장한 것은 무엇을 시사할까? 설계된 경관의 광범위한 역사를 조사한 제프리 젤리코(Geoffrey Jellicoe)와 수전 젤리코(Susan Jellicoe)의 『인간의 경관*The Landscape of Man*』(1975년 초판)[5]은 브르타뉴 카르나크(Carnac)에 열 지어 선 수천 개의 선돌과 고인돌, 윌트셔주 스톤헨지에 있는 50톤 무게의 사르센석[6]의 배치를 보여주는 삽화로 시작된다. 이는 인류가 선사시대부터 목적을 가지고 땅의 형태를 바꾸어왔음을 분명히 보여준다. 이와 비슷하게 정원의 역사에 대한 책은 종종 초기 인류가 땅덩이 주위에 보호용 경계를 둘러 최초의 뜰 혹은 정원을 만들었다는 상상으로 시작한다. 앞으로 우리가 보게 될 조경은 종종 농장이나 숲, 저수지 같은 기능적이고 생산적인 경관의 설계와 관련이 있지만, 정원 가꾸기가 지닌 미학, 즐거움, 쾌적함(amenity)과도 관심사를 공유한다. 이를 통해 조경은 인류 초기의 정착과 경작뿐 아니라 파라다이스에 대한 고대의 꿈과도 연결된다.

파라다이스의 모습은 그곳의 주된 환경 조건에 따라 다르다. 먼지 날리고 강이 없는 고원의 혹독한 기후를 견디던 고대 페르시아인들에게 물은 생명의 원천이었다. 이들은 **카나트**(qanāt)라고 하는 지하수로를 고안해 용수로에 물을 공급했고, 수로가 교차하는 곳 중앙에 정원을 배치했다. 여기에서 **차하르 바그**(chahar bagh)라고 하는 고전적인 사분할 디자인이 생겨났다. 정원은 담으로 둘러싸여 사막을 차단하면서 내부를 바라보았고, 사막에 사는 사람들이 좋아할 만한 온갖 것들, 예를 들어 과실과 그늘을 제공하는 대추야자나무, 석류나무, 체리나무, 아몬드나무, 시원한 정자, 달콤한 향이 나는 관목과 장미, 허브, 못과 물이 졸졸 흐르는 분수 같은 것 등으로 채워졌다. 영어의 '파라다이스'는 이같이 훌륭한 정원을 뜻하는 고대 이란어(아베스타어) **파이리-다에자**(pairi-daeza)에서 유래하는데, 이 단어는 이후 **파리디즈**(paridiz)로 축약되었다. '제1의 자연'이라고 하는 야생과 '제2의 자연'인 인간 정주지와 경작지를 구분하는 것이 유용하다. 조경사학자 존 딕슨 헌트(John Dixon Hunt)는 특별한 미적 의도를 가지고 설계된 파크[7]나 정원 같은 장소를 칭하는 '제3의 자연'이라는 용어를 제안한 바 있다. 앞으로 살펴보겠지만 조경은 제3의 자연뿐 아니라 제2의 자연과도 관련이 있으며, '제1의 자연'이라고 부를 만한 것이 남아 있는지에 대해서는 논쟁의 여지가 있다. 대기와 암석권에 미친 광범위한 인류의 영향을 인지한 일부 지질학자들은 이미 우리가 사는 이 시대를 인류세(Anthropocene)라고 부르고 있다. 인류가 지구에 미친 영향의 규모를 인식하면 우리 모두 여기에 책임이 있음을 통감하게 된다. 하지만 이는 또한 제프리 젤리코가 『인간의 경관』에서 언젠가 "경관 설계는 가장 종합적인 예술로 인정받을 것이다"라고 단언한 주장에 신빙성을 더해준다.

직선과 곡선: 정형과 비정형

정원의 역사에 대한 몇 가지 개요가 필요하다. 왜냐하면 조경가는 정원사들이 수 세기 동안 수행한 공간 조사와 실험을 이어받았고, 새로운 설계 문제의 해답을 찾을 때면 종종 오랜 전통에 의존하거나 이에 반발하기 때문이다. 정원은 다양한 양식으로 분류될 수 있지만 설계적 관점에서 보면 한 측면에는 기하학적 형태와 직선, 규칙적인 계획이 특징인 정형식 정원(formal garden)이, 다른 측면에는 비정형적 형태, 곡선, 수많은 다양성이 특징인 비정형 혹은 자연주의 정원(informal or naturalistic garden)이 있는 연속선으로 보는 것이 유용하다. 이 두 대극 사이에는 수많은 변형과 혼종이 존재한다. 예를 들어 에드워드시대 영국의 미술공예운동(Arts and Craft Movement) 양식의 설계에서는 직선, 규칙적인 기하학 형태, 정형성이 나타나지만, 식재(植栽)에서는 자연주의적인 부드러움과 — 바닥 포장이나 담, 다른 건축 요소 등에서 — 해당 지역의 재료와 전통적인 건설 기법을 사용한 지역적 특색이 세밀하게 나타난다.

역사상 가장 초기의 정원은 대부분 정형적이었다. 직선과 직선으로 이루어진 형태를 활용해 조사, 측량, 배치하는 것이 훨씬 수월하기 때문이다. 오늘날 튀르키예의 밀레투스(Miletus)나 이집트의 알렉산드리아(Alexandria)와 같은 고대 도시는 수 세기 후 수많은 미국의 도시에서 사용한 것과 같은 격자형 계획에 따라 건설되었다. 형태가 일정한 벽돌과 돌을 이용해 건물을 짓는 것이 훨씬 수월하고, 두 장소 사이의 가장 짧은 길은 직선이다. 고랑도 구불구불한 것보다는 곧게 파는 것이 더 쉽고 효율적이며, 운하나 배수로를 팔 때도 마찬가지이다. 사람이 산책할 때의 동선을 보면 살짝 구부러지는 경향이 있지만 의식용 행진은 직선을 따르게 된다. 조경사학자 노먼 뉴턴(Norman Newton)은 공간에 질서를 부여하는 가장 강력한 수단인 축(axis)이 사원 마당(temple ground)을 지나는 행렬 경로에서 유래했다고 본다. 정형적 도면의 중심축은 사원이나 교회, 대저택 같은 건물의 정면 입면을 수직으로 양분하는 가상의 선이다. 축은 두 개의 점을 연결하고 도면의 반쪽이 마치 거울에 비친 것처럼 반대쪽을 정확히 반영하는 좌우대칭을 조성할 수 있다. 이는 이탈리아의 바냐이아(Bagnaia) 근처의 빌라 란테(Villa Lante)나 파리의 뤽상부르 정원과 같은 유럽 전역의 르네상스 정원의 전형적인 특징이었다. 정원 공간을 이같이 구성하는 방식은 17세기 프랑스의 왕 루이 14세의 수석 정원사인 앙드레 르 노트르(André Le Nôtre)의 작품에서 절정에 이르렀다. 르 노트르는 파리에서 약 19킬로미터 떨어진 곳에 위치한 베르사유에 뉴욕시 센트럴파크 면적의 2배에 달하는 정원을 조성했다. 베르사유에서는 식물도 초록빛 석조물(green masonry)처럼 보일 때까지 가지를 치고 잎을 깎아 다듬어 도면의 정형성을 이어갔다. 엄청난 노력과 비용을 들여 자연은 엄격하게 통제되었다. 그럼에도 불구하고 루이 14세는 모든 것을 자기 마음대로 할 수 없었는데, 그토록 많은 엔지니어를 고용하고 수많은 군인을 동원해 운하와 수로를 건설했음에도 분수를 하루 종일 가동할 수는 없었다. 베르사유는 유럽 전역에 걸쳐 많은 왕실 정원의 모델이 되었다. 특히 빈의 쇤브룬궁(Schönbrunn Palace), 상트페테르부르크 외곽에 위치한 표트르 대제의 여름 궁전인 페테르고프(Peterhof), 런던 인근의 햄프턴코트(Hampton Court) 등의 모델이 되었다.

18세기 영국의 정원 설계가와 그들의 고객들은 시간이 지나면서 프랑스식 정형성 대신 점점 더 비정형적이고 자연스러운 디자인을 선호하게 되었다. 이러한 변화는 네덜란드 디자인의 영향이나 중국 전통에 대한 기록 등으로 설명된다. 분명 영국의 지주들은 그들이 혐오하는 절대왕정을 연상케 하는 프랑스식 정형성과 거리를 두고자 했다. 영국의 고객(patron)들은 종종 클로드 로랭(Claude Lorrain, 1600~1682)과 니콜라 푸생(Nicolas Poussin, 1594~1665)을 칭송했는데, 이 두 화가는 일생의 대부분을 로마에서 보냈고, 로마 근방 캄파냐(Campagna)의 풍경에서 영감을 받은 고전적인 아르카디아의 장면을 상기시키는 그림을 그렸다. 보다 관념적으로 보면 비정형적인 정원 디자인의 대두는 경험주의에 대한 관심이 증가하던 때와 시기적으로 일치한다. 합리적 기하학에 몰두하던 이들이 일견 불규칙해 보이는 자연계를 주의 깊게 관찰하기 시작했다. 윌리엄 호가스(William Hogarth)의 『아름다움의 분석 *The Analysis of Beauty*』에서 구분된 구불구불한 '아름다움의 선(line of beauty)'은 랜실롯 '케이퍼빌리티' 브라운(Lancelot 'Capability' Brown, 1716~1783)이 작업한 호수의 구불구불한 곡선과 매우 비슷하다. 18세기 중반 브라운은 상승세를 타고 있었고, 동시대에 활동한 정원가들 중 오늘날까지도 가장 널리 기억되고 있다. 이것은 그가 다작했기 때문이기도 하고 한편으로는 그의 잊을 수 없는 별명 때문이기도 하다. 그에게는 고객의 영지를 둘러본 뒤 그곳에서 '기회' 혹은 '잠재력'이라는 의미로 '가능성(capability)'을 보았다고 말하는 습관이 있었다고 한다. 테라스와 난간 같은 모든 정형적인 흔적을 없애고 파크 주위에 줄지어 선 나무들이 곳곳에 있고, 강에 댐을 지어 구불구불한 호수를 만들며, 한 그루 혹은 여러 그루의 보기 좋은 나무가 파크랜드 곳곳에 흩어져 있는 것이 브라운 디자인의 공식이었다. 흥미롭게도 브라운은 자신을 풍경화식 조원가라고 일컫지 않았다. 그는 '장소 조성가(placemaker)' 또는 '개선가(improver)'라는 용어를 선호했는데, 이는 개념적으로 보면 여러 면에서 '풍경화식 조원가'보다 오늘날 조경가의 역할에 더 가깝다. 브라운 스타일의 훌륭한 사례로는 윌트셔주의 롱리트 하우스(Longleat House), 웨스트서식스주의 펫워스 하우스(Petworth House), 리즈 외곽의 템플 뉴삼 파크(Temple Newsam park) 등이 있다.

브라운에 대한 비판은 그가 명성을 날리던 시기에 이미 시작되었고 그가 죽은 뒤에는 한층 더 심해졌다. 그는 활발히 활동하던 때 많은 정형식 정원을 파괴했기 때문이 아니라(분명히 그는 많은 정형식 정원을 없앴다) 자연을 충분히 활용하지 않았다는 이유로 비판을 받았다. 그를 비난하는 사람들 중에는 헤리퍼드 출신의 대지주인 우브데일 프라이스(Uvedale Price)와 리처드 페인 나이트(Richard Payne Knight)도 있었는데, 두 사람 모두 새로운 픽처레스크 양식(Picturesque style)을 옹호했다. 픽처레스크하다고 여겨지려면 경치나 디자인이 그림의 주제가 되기에 적합해야 했지만,[8] 새로운 유행의 열광자들은 브라운의 경관이 너무 지루해 자격을 갖추지 못했다고 보았다. 나이트의 교훈시 「풍경The Landscape」은 브라운을 겨냥한 것으로, 그의 개입이 '지루하고, 김빠지고, 매끄러우며 잠잠한 장면'만을 조성한다고 언급했다. 어느 정도의 거칠음, 울퉁불퉁함, 다양함 등이 필요했다. 잘 가꾸어진 잔디밭과 야생화 초지를 두고 벌어지는 오늘날의 논쟁은 이것의 판박이이다. 주택의 앞마당을 매끄럽게 다듬은 잔디밭으로 조성하는 것이 통상적인 방식이고, 때로는 시 조례에 의해 규제되는 미국에서는 집 앞에 잘 가꾸어진 잔디 외에 다른 것을 키우는 것이 논쟁거리가 되기도 한다.

자칭 브라운의 계승자인 험프리 렙턴(Humphry Repton, 1752~1818)은 픽처레스크 열광자들에 반박했지만 픽처레스크한 풍경에 대한 대중의 취향은 무너뜨릴 수 없을 것처럼 보였고, 이 취향은 오늘날에도 여전히 지배적이다. 여기에는 와이 계곡(Wye Valley)과 영국 레이크 디스트릭트(Lake District) 같은 장소의 여행 시리즈를 발간한 교장 겸 예술가인 윌리엄 길핀(William Gilpin, 1724~1804)의 영향이 크다. 하지만 '픽처레스크'라는 단어는 원래의 의미를 많이 잃었고, 오늘날에는 대문자 'P'로 시작하는 용어로 쓰는 일도 거의 없다. 이제 픽처레스크는 많은 사람들에게 '예쁜(pretty)', '매력적인(attractive)'이라는 뜻으로 쓰이고, 회화와의 관련성은 사라졌다.

하지만 렙턴은 조경의 탄생에서 특별한 위치를 차지하고 있다. 그는 자신을 '조원가(landscape gardener)'라고 칭한 최초의 인물로, 브라운을 모방하기로 결심하기 전에 많은 직업—언론인, 극작가, 예술가, 인도 주재관(political agent)—을 전전했다. 렙턴은 원예에 대한 깊은 지식은 없었지만 붉은 표지로 장정된 전후 모습을 비교해볼 수 있는 수채화로 그려진 스케치안을 고객에게 제시하는 기발한 방식을 고안해냈다〔도판 2a, 2b〕. 고객들은 표지를 넘겨 렙턴이 그들의 영지에 제안하는 변화를 정확하게 볼 수 있었다. 이 독창적인 〈레드북 Red Book〉은 수채화 스케치보다는 컴퓨터 모델과 조감도(fly-through graphic)를 사용할 가능성이 큰 오늘날의 시각화 방식

2a. 험프리 렙턴의 〈레드북〉에 수록된 앤터니 하우스(Antony House)의 '전(before)' 풍경 파노라마(1812년경).

2b. 험프리 렙턴의 〈레드북〉에 수록된 앤터니 하우스의 '후(after)' 풍경 파노라마(1812년경).

의 효시이다. 방식은 달랐으나 브라운과 픽처레스크 옹호자들은 자신이 구상한 비전을 고객이 받아들이게 했다는 점에서는 공통점이 있다. 렙턴은 오늘날의 조경가에 보다 가깝다. 그는 고객들이 바라는 바를 이해하고 그들의 말을 경청했다. 그 결과 그는 브라운의 방식에서 벗어나 집 근처의 테라스를 유용한 정원 요소로 다시 도입했다. 그는 "때때로 실용성이 아름다움을 이끌어야 함을 알게 되었다. 그리고 사람이 사는 곳 주변에서는 픽처레스크한 효과보다 편리함이 선호된다"라고 기술했다.

'풍경화식 조원술'이 '조경'이 되다

라우던과 다우닝 모두 저서 제목에 '풍경화식 조원술(landscape gardening)'이라는 단어를 사용했다. 영미권 전통에서 풍경화식 조원술은 조경의 효시로 여겨진다. 풍경화식 조원술이 개인 고객을 위한 것이었다면 대개 조경은 공공을 위하고자 했다. 이 변화는 공공 공원을, 특히 런던의 이스트 엔드(East End)[9]와 영국 북부의 공업도시에 공공 공원을 조성하자는 캠페인을 통해 촉진되었다. 이는 1830년대에 시작되었고, 철학자 제러미 벤담(Jeremy Bentham)의 공리주의 정신을 공유하는 사회개혁운동의 일환이었다. 라우던의 친구 중에는 위생개혁 운동가인 에드워드 채드윅(Edward Chadwick)과 같은 철학자와 의회에서 공공 공원을 주장한 하원의원 로버트 슬래니(Robert Slaney)가 있었다. '최대 다수의 최대 행복'이라는 공리주의적 논거는 오늘날에도 여전히 건조 환경(built environment)에 대한 수많은 계획과 정책 결정의 근거가 되고 있다. 19세기에 법률이 제정됨으로써 영국에서는 지방정부 당국이 시립 공원을 제공할 수 있게 되었고, 이 시립 공원은 곧 시민들의 자부심이 되었다. 라우던이 설계한 잉글랜드 중부 더비(Derby)의 수목원이 최초의 사례 중 하나이다. 이 수목원은 전 시장이자 박애주의적인 방직업자가 시에 기증한 곳인데, 수목원이라는 이름에서 짐작할 수 있듯이 이곳에는 교육 목적으로 이름표가 붙은 나무와 관목이 수집되어 있었다. 공원은 사람들을 신체적·정신적으로 개선시킨다고 여겨졌고, 머지않아 혁명이 일어날까봐 진심으로 두려워하던 시대에는 다양한 계층의 사람들이 공공장소에 혼재해 있는 것이 사회질서를 장려한다고 보았다. 라우던은 픽처레스크에 대한 열정을 포기하고 의도적으로 인공성이 드러나게 설계 및 식재하는 방식을 택했는데, 이를 '풍경의 가드네스크 유파(Gardenesque School of Landscape)'라고 불렀다. 기하학적인 식재 화단과 온실에서 키운 뒤 밖에 옮겨 심는 이국적인 식물들이 특징이었다. 가드네스크 양식을 통해 뛰어난 원예기술을 드러낼 수 있는 기회가 많아졌고, 이는 곧 빅토리아시대 공원의 공인된 양식이 되었다. 위대한 동시대 인물로 조지프 팩스턴(Joseph Paxton)이 있는데, 그는 런던 치즈윅 하우스(Chiswick House)에 위치한 왕립원예학회(Royal Horticultural Society)의 정원을 돌보는 하급 정원사로 시작해 1851년 만국박람회의 수정궁(Crystal Palace)을 설계한 유명인이 되었다. 그는 많은 공원을 설계했는데 그중 특히 머지사이드(Merseyside)의 버컨헤드 공원(Birkenhead Park)이 가장 중요하다. 이는 옴스테드가 1850년 영국을 방문했을 때 이곳을 보고 센트럴파크 설계에 대한 영감을 받았기 때문이다. 시기적으로 맞지 않을 수도 있지만 라우던이나 팩스턴 같은 설계가를 '조경가'라고 부르는 게 무리는 아닐 것이다. 그렇지만 그들이 살던 시대에 이 용어는 아직 만들어지지 않았다.

'정원 디자이너'라고 표현하는 것이 요즘 더 유행에 맞고 또 수익성이 있겠지만 그동안 '조원가'라는 직업명은 사라지지 않았다. 스타 셰프처럼 정원 디자이너라는 명칭이 대중에게는 더 널리 알려져 있다. 그러나 앞으로 살펴보겠지만 조경은 이보다는 더 넓은 영역이다. 오늘날 개인 주택은 건축가에게 맡기듯이 정원은 조경가와 관련이 있다. 건축가가 때때로 개인 주택을 설계하듯이 조경가도 종종 개인 정원을 설계하고 첼시 플라워쇼(Chelsea Flower Show)에 출품하지만 대형 사무실의 주요 소득원은 보다 큰 프로젝트이다. 앞으로 보게 되겠지만 이 프로젝트의 다수는 여러 방식으로 개발과 관련되어 있다. 전문 직종으로서의 조경은 1899년 뉴욕에서 미국조경가협회(American Society of Landscape Architects)가 공식 결성되었을 때 비로소 시작되었다. 흥미롭게도 이 협회는 조경업자(contractor), 건축업자, 양묘업자를 자신들의 구성원에서 배제했다. 이들은 워싱턴 DC에 있는 덤버턴 오크스(Dumbarton Oaks)의 유명한 정원을 설계한 비어트릭스 패런드(Beatrix Farrand)의 가입을 허락하지 않았지만, 그녀는 뛰어난 업적을 쌓는 내내 자신을 '조원가'라고 칭했다. 영국에서는 영국조경가협회(Institute of Landscape Architects, 현 영국조경협회(Landscape Institute))가 옴스테드와 복스의 공모전 참여로 조경가라는 명칭이 도입된 지 71년이 지난 1929년에야 결성되었다.

다른 곳들

조경이 생겨나던 때의 이야기는 분명 대서양을 넘나드는 〔미국 및 영국과 관련된〕 일이고, 옴스테드의 버컨헤드 여행은 종종 조경이 시작된 순간으로 기념된다. 하지만 다른 나라에서도 이와 유사한 역사적 자취를 찾아볼 수 있다. 유럽의 몇몇 사례는 조경이 이전의 정원과 파크 디자인의 전통에서 생겨났고, 다양한 역사와 문화적 특징을 통해 이제 막 발전하기 시작한 분야의 특성을 각기 다르게 형성했다는 점도 보여준다. 18세기와 19세기에 영국식 조원술이 널리 받아들여진 프랑스에서는 오스만 남작의 파리 개조의 일환으로 원예가 장 피에르 바리예 데샹(Jean-Pierre Barillet-Deschamps)의 지원을 받은 엔지니어 장 샤를 아돌프 알팡(Jean-Charles Adolphe Alphand, 1817~1891)이 여러 공공 공원을 조성했다. 그중 가장 눈에 띄는 곳은 파리 북동쪽에 위치한 뷔트 쇼몽(Buttes-Chaumont) 공원으로, 과거 석회석 채석장이던 곳의 담쟁이 덩굴로 뒤덮인 절벽 꼭대기에 로마의 베스타 신전을 본뜬 건물이 지어졌다. 프랑스어로 조경가를 뜻하는 페이자지스트(paysagiste), 즉 직업으로서의 조경가는 제2차세계대전 이후 베르사유 국립원예학교에 훈련 과정이 처음 생겼을 때 비로소 공식적으로 인정되었다. 20세기 말 여러 개념들을 콜라주하는 혼란스러운 포스트모더니즘의 경향을 통해 프랑스의 형식주의 전통이 새로이 부각되었고, 지긋지긋한 픽처레스크 풍경 만들기의 신선한 대안을 제시했다.

독일에서 풍경화식 정원술에서 조경으로 전환되는 과정에서 가장 중요한 인물은 프로이센 왕의 정원사인 페터 요제프 레네(Peter Joseph Lenné, 1789~1866)를 들 수 있다. 그는 왕실 임무 이외에도 마그데부르크의 프리드리히 빌헬름 공원(Friedrich-Wilhelm Park), 프랑크푸르트의 레네 공원(Lennépark), 베를린의 티어가르텐(Tiergarten) 공원과 프리드리히샤인(Friedrichshain) 민족공원처럼 독일에서 가장 오래된 공공 공원을 설계했다. 1913년 독일정원건축가연맹(Bund Deutscher Gartenarchitekten)이 프랑크푸르트암마인에 설립되었고, 이는 1972년 독일조경가연맹(Bund Deutscher Landschaftsarchitekten)으로 명칭을 바꾸었다. 공공녹지 오픈스페이스 설계는 바이마르공화국 시기에 관심을 끌었지만 저명한 실무가들이 국가사회주의(National Socialism)[10]에 참여하면서 조경의 발전은 위기를 맞았다. 이 시기 조경가들은 새로 건설된 고속도로 주변의 식재 작업뿐 아니라 새로 정복한 동부의 시골 경관을 '독일화'하는 작업도 시행했다. 제2차 세계대전 이후 독일의 조경은 적어도 서독에서는 신속하게 재조직되었고, 실무가들은 전쟁의 참화를 겪은 조국 재건에 중요한 역할을 담당했다. 1951년 하노버에서 처음으로 개최된 2년마다 열리는 독일연방정원박람회(Bundesgartenschauen, Federal Garden Shows)는 버려진 곳과 전쟁으로 피해를 입은 곳을 영구적인 공원부지로 바꿀 수 있는 조경의 힘을 보여주었다.

네덜란드의 공원설계가 얀 다비트 조허르 유니오르(Jan

David Zocher Jr., 1791~1870)는 브라운과 렙턴의 영향을 받았으며, 그가 설계해 1865년에 처음 문을 연 암스테르담의 폰델파크(Vondelpark)는 영국풍의 낭만적이고 자연주의적인 공원이다. 하지만 네덜란드는 바다에 맞서 땅을 만들어온 역사가 있으며, 20세기에는 〔해수면보다 낮은〕 해안 간척지에 정착지와 경관을 완전히 새로 조성하기 위한 포괄적인 경관계획이 요구되었다. 네덜란드 생태운동의 아버지라 여겨지는 식물학자 야코뷔스 피터르 테이서(Jacobus Pieter Thijsse, 1865~1945)는 국제적으로 영향을 미친 사상에 이바지했다. 그는 모든 마을이나 지구(district)마다 집 근처의 자연을 배울 수 있는 '교육 정원(instructive garden)'이 있어야 한다고 제안했다. 테이서는 습지 간척과 황무지 조림 등의 작업으로 전원지대의 많은 종(種)이 사라진다고 우려했다. 네덜란드는 고도로 도시화되었고, 전원지대 또한 누가 보더라도 인간이 만든 것이지만 자연에 가닿고자 하는 마음은 간절하다. 아마도 이러한 결과로 전원(country)은 조경과 어버니즘(urbanism)에서 가장 흥미로운 새로운 관념을 만들어내고 있다. 1987년부터 네덜란드에서 '조경가'라는 명칭은 법적으로 보호받고 있다.

오늘날 조경은 세계적인 업역이지만 많은 나라에서는 여전히 초기 단계에 있다. 70개가 넘는 국가가 세계조경가협회에 가입했는데, 각 나라의 명단은 알파벳 순서로 아르헨티나와 오스트레일리아로 시작해 우루과이와 베네수엘라로 끝난다. 명단에는 미국이나 중국, 인도처럼 인구가 많은 나라도 있고, 라트비아와 룩셈부르크처럼 작은 나라도 있다. 실무가들의 숫자도 다양하다. 캐나다조경가협회(Canadian Society of Landscape Architects)의 회원수는 1,800명이 넘고, 프랑스조경연맹(Fédération Française du Paysage)의 회원수는 500명 이상이며(그렇지만 실무가의 3분의 1에 불과하다), 독일조경가연맹의 회원수는 800명 정도 된다. 영국조경협회의 회원수는 6,200명이 넘지만 1992년에 설립된 아일랜드조경협회(Irish Landscape Institute)의 회원수는 160명이다. 현재 규모가 가장 큰 조직은 약 1만 5,500명의 회원을 보유한 미국조경가협회이다. 교육과 자격 및 등록 요건을 표준화하려는 노력이 있었지만 이는 여전히 각 나라마다 교육 구조와 법에 따라 크게 다르다. 심지어는 교육에서도 큰 차이가 있다. 어떤 나라에서는 원예나 농업, 정원술과 관련해 조경을 가르친다. 다른 나라에서 조경은 건축, 계획, 도시설계와 연관된다. 또다른 곳에서는 임업이나 환경과학 학교에서 찾아볼 수도 있다. 이렇게 다양한 교육기관이 제공하는 조경 프로그램에는 차이보다는 유사성이 더 크겠지만 각 기관이 강조하거나 선호하는 바는 다르다.

지금까지 역사에 대해 간략히 살펴보았다. 이제 조경의 범위에 대해 어느 정도 이해했기를 바란다. 하지만 조경 분야에만 명확히 한정되는 핵심 분야가 있는지 궁금할 수도 있을 것이다. 다음 장에서는 일반적인 조경 분야에서 다루는 활동의 범위를 고려하고, 조경 분야의 본질을 정의하기 위한 다양한 시도에 대해 살펴보고자 한다.

제 2 장

조경의 범위

실제로 조경이 무슨 일을 하는지를 살펴보도록 하자. 제시된 몇 안 되는 사례 연구는 오늘날 실무의 다양성을 시사하고, 조경 분야의 광범위함을 느끼게 하려는 시도이다. 이 장에서는 세간의 이목을 끄는 마스터플랜, 시각영향평가, 예술이 반영된(art-inflected) 도시설계, 커뮤니티 참여 등 네 가지 프로젝트에 대해 설명하고자 한다. 이는 훌륭한 것에서부터 화려한 것까지 다양한데, 이 프로젝트들이 '개선과 장소 만들기' 범주에 속하는지 살펴보자.

싱가포르 가든스 바이 더 베이(2006년~진행중)

먼저 소개할 프로젝트는 싱가포르 국립공원국이 주관한 가든스 바이 더 베이(Gardens by the Bay) 프로젝트의 마스터플랜을 위한 설계 공모전 결과이다〔도판 3〕. 이는 해안 간척지 위에 지어진 마리나 베이(Marina Bay)의 새로운 도심 지역에 조성된, 원예를 테마로 한 명소이다. 이곳에는 최종적으로 베이 사우스(Bay South), 베이 이스트(Bay East), 베이 센트럴(Bay Central) 등 3개의 정원으로 이루어진 100헥타르가 넘는 열대 정원이 조성될 것이다. 이 거대한 프로젝트의 1단계인 베이 사우스에는 건축가 윌킨슨 에어(Wilkinson Eyre)와 함께 조경회사 그랜트 어소시에이츠(Grant Associates)가 이끄는 영국 설계팀이 당선되었다. 그랜트 어소시에이츠의 마스터플랜은 싱가포르의 국화인 난초 모양에서 영감을 얻었고, 이 프로젝트는 최고 수준의 정치적 지원을 받았다. 이 계획에는 자연과 기술을 결합해 각각 지중해와 열대 산간 기후대의 식물을 수용하기 위해 건축가가 설계한 플라워 돔(Flower Dome)과 클라우드 포레스트 돔(Cloud Forest Dome)이라는 2개의 인공적인 생물군계가 포함되었다. 조경가는 놀랍도록 인상적인 슈퍼트리를 디자인했는데, 어떤 것은 높이가 50미터에 달한다. 슈퍼트리는 온실 냉각장치의 일부분을 구성하지만 착생식물, 양치류, 꽃이 피는 덩굴식물을 높다랗게 전시하기도 하며

3. 싱가포르의 가든스 바이 더 베이 프로젝트의 1단계에는 건축가 윌킨슨 에어와 함께 조경회사 그랜트 어소시에이츠가 이끄는 영국 설계팀이 당선되었다.

밤에는 아름다운 조명이 켜진다. 슈퍼트리에는 진짜 나무의 생태학적 기능을 모방하는 기술이 숨겨져 있다. 태양광전지로 일부 조명에 전원을 공급하고, 수로로 빗물을 보내 관수와 물을 이용한 전시에 이용한다.

가든스 바이 더 베이는 원예적 디즈니랜드, 『이상한 나라의 앨리스』의 한 장면으로 묘사되기도 하지만 환경을 고려한 설계의 커다란 업적이기도 하다. 의도한 대로 이 프로젝트는 전 세계 미디어의 관심을 끌었다. 이러한 규모와 야심을 담은 프로젝트는 가장 유명한 설계 사무실에서도 드문 일이지만, 가든스 바이 더 베이는 오늘날 실무의 많은 요소를 보여주는 사례이다. 예를 들어 이 프로젝트에는 조경가와 건축가뿐 아니라 전문 환경설계 컨설턴트, 구조공학자, 방문자센터 디자이너, 커뮤니케이션 전문가로 구성된 다양한 분야의 디자이너가 참여했다. 해안가 매립지라는 대상지의 위치와 조건 또한 최근 수십 년간 이루어진 여러 대형 프로젝트의 특징인데, 그 예로 덴마크 코펜하겐의 하우네파르켄(havneparken, 항구공원, 2000년 완공), 스웨덴 말뫼의 다니아파르켄(Daniaparken, 2001년 완공), 중국 상하이의 상하이 허우탄 공원(Houtan Park, 2010년 완공) 등을 들 수 있다.

웨일스 허디웰 풍력발전 지역의 경관 및 시각영향평가(2010년)

가든스 바이 더 베이처럼 눈에 잘 띄고 토템처럼 숭배의 대상이 되도록 설계된 곳도 있지만, 마스터플랜이나 대상지 설계보다는 전략적 경관계획 영역에 속함으로써 대중이 이 사실을 모르고 있었다면 성공적이었다고 평가받는 프로젝트도 있다. 조경가는 종종 전원지대로의 침입을 최소화하는 일에 관여해왔다. 예를 들면 채석장이나 석탄 채굴용 노천광 확장 같은 일 말이다. 최근 몇 년 동안 영국에서는 풍력발전용 터빈의 위치를 정하는 일이 가장 활발히 논의되는 토지 활용계획 문제 중 하나였다. 각 터빈 설계의 장점이나 단점 여하를 불문하고 이 기계는 몇몇 시골 지역 공동체에서 거의 본능적으로 혐오감을 불러일으키는데, 이는 아마도 그곳에 이질적으로 놓여서 먼 도시에만 이득이 되는 것이라고 여겨지기 때문일 것이다. 대부분의 사람들은 청정에너지나 고속 운송과 같은 제안에는 찬성하지만 이것이 자기 집 앞에 놓인다고 하면 반대 의사를 표한다. 이는 약어인 님비주의(내 집 뒷마당에는 안 된다(not-in-my-backyard), NIMBY)에 이르는 현상이다. 계획된 터빈의 높이와 개수는 현재의 지형에 따른 수용 가능성과 관련이 있다. 조경가는 풍력발전용 터빈 설치계획과 경관에 대규모로 추가되는 요소들로 인한 '시각침입구역(zones of visual intrusion)' 모델링 및 매핑 분야의 전문가가 되었다. 포토몽타주와 컴퓨터를 활용한 시각화 기술을 통해 이들은 다양한 주요 관점에서 이 계획안이 어떤 모습일지 보여줄 수 있다. 조경가들은 경관계획 설계에도 관여하는데, 이는 토공(土工)이나 식재로 〔보기 싫은 것을〕 가려 영향을 줄이는 작업을 포함할 수 있다.

기술적 관점에서 보면 높고 개방된 땅은 풍력발전소를 배치하기에 특히 적합하지만 이러한 지역은 기존의 경관적 특징이 매우 뛰어난 곳이다. 웨일스 정부는 2025년까지 재생가능한 자원에서 발생하는 에너지의 양을 2배 늘리기로 약속하고, 대규모 풍력발전소를 세울 만한 전략적 연구지역을 7곳 선정했다. 조경을 포함한 다양한 범주의 서비스를 제공하는 AMEC 인바이어런먼트 앤드 인프라스트럭처사(AMEC Environment and Infrastructure UK Ltd)는 NUON 리뉴어블사(NUON Renewables)의 의뢰를 받아 포이스주의 허디웰 풍력발전소 건설계획에 대한 경관과 시각〔영향〕평가를 시행했다. 이 회사는 동쪽에 다른 풍력발전소를 계획하고, 이미 인근에 운영하고 있는 시설에 수는 적지만 더 큰 터빈을 설치하려고 했기 때문에 이 평가는 복잡할 수밖에 없었다. 결국 자문회사의 시각화 작업을 통해 계획안의 누적 영향을 평가할 수 있었고, 계획된 터빈 개수를 13개에서 9개로 줄이게 되었다. 평가는 2010년 종료되었으나 이 책을 작업하고 있을 때에도 여전히 계획 단계에 머물러 있었다.

허디웰 풍력발전소는 국가적 수준에서 큰 이익을 얻을 수 있는 주요 인프라스트럭처 계획안의 좋은 사례이다. 하지만 이는 지역에는 상당한 영향을 미칠 수 있다. 계획 시스템이 잘 발달한 나라에서 이러한 개발의 허가를 받으려면 시간이 오래 걸리고, 여러 과정을 거쳐야 한다. 조경가는 적용 전 평가부터 공개 조사에 근거를 제시해야 할 수도 있는 계획 단계, 완화 수단의 설계와 적용에 이르는 모든 단계에 참여할 수 있다. 개인 개발업자뿐 아니라 지방정부도 조경가를 고용할 수 있다는 점 또한 지적할 만하다. 법정 드라마에서 원고와 피고 측의 법의학 병리학자들이 경쟁하듯이 조경가들도 종종 논쟁거리가 많은 계획 조사의 양측에 서기도 한다.

캐나다 몬트리올의 레 불 로즈(2011)

캐나다의 조경가 클로드 코르미에(Claude Cormier, 1960~)는 도시 생활에 재치 있고 예술적으로 개입하는 작업으로 이름을 알렸다. 토론토의 슈거 비치(Sugar Beach)나 몬트리올 구항만지구 케 도흘로주가(Quai d'Horloge)의 시계탑 해변 같은 그의 작업 다수는 도시의 조직 속에 계속 남아 있다. 또한 그는 한시적인 설치 작업도 하는데, 레 불 로즈(Les Boules Roses)가 그중 하나이다. 몬트리올 게이 빌리지의 생트 카트린가(Sainte-Catherine) 동쪽을 따라 17만 개의 분홍색 레진 볼을 걸어 평범한 거리를 2011년 에르 리브르 페스티벌(Aires Libres festivals)을 위한 매력적인 산책로로 변모시켰다. 볼은 세 가지 크기로 제작되었고 다섯 가지 미묘한 분홍빛을 띠었다. 기존의 가로수 가지와 뒤섞여 거리를 가로질러 엮인 볼들은 캐노피를 형성했고, 베리가(Berri)와 파피노가(Papineau) 사이 1.2킬로미터의 거리에 어른거리는 그림자를 드리웠다. 9개 구역으로 나뉘어 다양한 패턴으로 설치되어 길을 따라 각기 다른 분위기를 연출했다.

클로드 코르미에는 미국의 조경가 마사 슈워츠(Martha Schwartz, 1950~)가 아끼는 인물이다. 마사 슈워츠는 한때 조경 분야의 관습을 파괴하는 **앙팡 테리블**이었으나 이제는 존경받는 교육자이자 실무가이다. 그는 예술 분야 출신으로 플라스틱 나무, 꽃, 플렉시글라스 조각, 심지어는 셸락[11]을 바른 베이글 같은 비관습적인 재료를 사용한 그의 초기 작업은 종종 의도적으로 논란을 야기했다. 조경학계는 '이것이 진짜로 조경이 될 수 있을까, 아니면 다른 무엇인가?'라며 이를 거부했다. 마사 슈워츠나 클로드 코르미에 혹은 독일의 조경 설계 사무소 토포텍 1(Topotek 1) 등과 같은 실무가들은 유희적 성격의 조경을 하는 부류들이다. 이들은 가정을 뒤집고 예상에서 벗어나는 것을 즐긴다. 하지만 이런 장난기와 함께 대상지, 맥락, 사용자의 요구사항을 이해해야 한다. 설계로 인한 개입이 지속될 경우 더욱 그러하다. 가장 뛰어난 실천은 이 모든 것을 인지하므로 프로젝트는 재미있을 뿐만 아니라 기능적이다.

웨스트 필라델피아 경관 프로젝트(1987년 시작)

웨스트 필라델피아 경관 프로젝트는 조경가이자 교육자, 작가, 사진작가, 활동가인 앤 휘스턴 스펀(Anne Whiston Spirn)이 시작한 행동 연구 프로그램이다. 이는 스펀이 보스턴에 있는 매사추세츠공과대학으로 옮기기 전에 1986년부터 2000년까지 교수로 재직한 펜실베이니아대학 조경 및 지역계획학과에서 처음 시작했다. 이 프로그램은 시작 단계부터 연구와 교육, 지역공동체 서비스를 통합하고자 했다. 특히 이는 웨스트 필라델피아의 사회적으로 빈곤한 지역에 일련의 공동체 정원을 설계 및 시공하는 일에 관여했다. 이를 통해 주택 공급 부족, 인프라스트럭처 부족, 빈곤, 실업과 같은 모든 문제를 해결할 수는 없었지만, 도시경관을 밝게 하는 것뿐만 아니라 다른 형태의 지역공동체 발전을 위한 촉매제 역할을 했다. 1995년 이후 펜실베이니아대학의 학생과 연구자들, 웨스트 필라델피아의 설즈버거중학교의 교사와 학생이 협업하는 밀 크리크 프로젝트(Mill Creek Project)가 이 프로젝트에서 파생되었다. 이 프로젝트는 '도시의 분수령(The Urban Watershed)'이라는 이름의 새로운 중학교 교과목을 만들면서 조직되었다. 이는 학교 주변 지역 환경에 대한 인식 향상과 학교 놀이터가 세워진 들판을 가로질러 흘렀으나 지금은 지하수로가 된 밀 크리크의 존재가 중심이 되었다. 이 지하수로는 홍수, 침하, 완전한 붕괴 등 수많은 문제를 일으켰다. 프로젝트에 참여한 조경가들은 범람원에서 도시개발이 이루어질 때 발생하는 어려움에 관심을 갖게 할 수 있었다. 또한 이들은 미개발지를 다시 설계해 우수 유출을 줄임으로써 홍수의 위험을 줄일 수 있는 방법을 제시하는 한편, 이를 통해 사회적으로 가치 있는 오픈스페이스를 제공할 수도 있었다.

웨스트 필라델피아 경관 프로젝트가 언제 끝났는지는 알 수 없다. 웹사이트의 타임라인은 2009년에 멈췄지만 블로그에는 여전히 종종 글이 올라오는 것을 보면 이 프로젝트가 문제 많은 이 동네와 주민들에게 대대로 영향을 주는 듯하며, 조성된 정원은 확실한 유산이다. 어느 모로 보아도 웨스트 필라델피아 경관 프로젝트는 조경 분야에서 가장 오랫동안 운영된 지역공동체 참여 프로젝트 중 하나이며, 아마도 가장 유명하고 또 상찬받았을 것이다. 이는 2001년 공적 생활을 선도하는 40인의 학자와 예술가들을 위해 백악관에서 개최한 회담에서 '최고의 실천 모델(Model of Best Practice)'로 언급되었다. 2004년에는 미국조경가협회로부터 지역사회 봉사상을 수상했다. 스펀이 현재 집필하고 있는 『상의하달/하의상달: 지역공동체의 경관 다시 짓기*Top-Down/Bottom-Up: Rebuilding the Landscape of Community*』는 지난 25여 년 간의 프로젝트 경험에 바탕을 두고 있다.

핵심은?

필자는 상당히 의도적으로 네 가지의 프로젝트를 선택했는데, 이 프로젝트 사이에는 조경가가 주도적인 역할을 한다는 점을 제외하면 공통점이 별로 없어 보인다. 하지만 좀더 생각해보면 공통된 부분을 찾아볼 수도 있다. 가든스 바이 더 베이와 레 불 로즈는 각기 방문객들에게 매력적으로 보일 수 있는 시각적 스펙터클과 축제 분위기를 조성하고자 노력했다. 웨스트 필라델피아 경관 프로젝트와 웨일스의 풍력발전소 연구는 모두 개발과 인프라스트럭처 배치의 결과와 관련이 있다. 그렇지만 이 네 프로젝트만큼 다양한 조경 프로젝트 사례 또한 분명히 쉽게 찾을 수 있을 것이다. 프로젝트의 다양성은 다양한 접근법에 반영되어 나타난다. 어떤 조경가들은 자신의 작업이 눈에 띄지 않는다는 점을 자랑스러워한다. 이들은 계획된 고속도로나 송전선의 영향을 완화시킬 때 자신들의 작업이 최대한 주변 경관과 조화롭게 어우러지기를 바란다. 깜짝 놀랄 정도로 눈에 띄고 즐겁거나 극적인 효과를 내려 애쓰는 조경가들도 있다. 그들은 자신들의 뛰어난 기교가 간과되고 있다고 생각하면 실망할 것이다. 또 어떤 조경가들은 지역공동체와의 협업 작업을 매우 중요하게 생각하며 자기중심적인 욕구를 사회적으로 지속가능한 결과물로 승화시킨다. 반대로 어떤 조경가들은 타협을 참지 못하고, 최고의 설계 작업은 비범한 비전을 표현해야 한다고 생각한다. 하지만 또 어떤 조경가들은 자신들의 특징과 실무를 결합하거나 대상지, 고객, 지침서에 따라 접근법을 변경한다.

이토록 의견이 다양하고 조경가들이 작업하는 프로젝트의 종류 역시 다양하다면 업역을 정의하거나 가장 본질적인 것이 무엇인지 이야기할 수 있을까? 우리는 종종 불안할 때 정의를 내리고 경계를 지으려는 경향이 있다. 그렇듯 한 업역의 전문화는 시험을 통해 가입 조건을 통제하는 기준을 정하는 일과 관련이 있고, 이와 함께 실무자가 갖춰야 할 핵심 지식과 기술이 무엇인지를 결정하려는 욕구와도 닿아 있다. 이것의 긍정적인 면은 고객과 대중을 보호한다는 점이다. 전문가들은 그들이 무슨 일을 하고 있는지 알아야 한다. 이는 무면

허 뇌외과 의사를 아무도 신뢰하지 않는 의학과 필요한 계산을 수행하지 않고 다리를 건설하면 공공 안전에 어떤 결과를 초래할지가 분명한 토목공사의 경우를 보면 쉽게 이해할 수 있다. 그러나 관련 기술이 지역사회에 널리 이용될 수 있고 일부 일어날 가능성이 있는 피해가 확산되어 단기간에 식별할 수 없는 곳에서는 쉽지 않다. 건축가, 도시설계가, 조경가가 다양한 정도로 공공협의(public consultation)와 참여 업무(participatory engagement)에 관련되어 있다는 사실은 비전문적 지식과 의견이 중요하게 여겨지고 있음을 보여준다. 업역(discipline)이 비전문적 지식이 전문화된 것이라고 하는 사람도 있다. 물론 잘못 계획되거나 설계된 주택구역이나 신도시에서 나타나는 장기적인 피해 중 일부는 사람들이 그러한 개발에서 실질적으로 원하거나 필요로 하는 바를 이해하지 못했기 때문이라고 한다. 그러므로 이것이 고객과 이용자, 이와 유사한 전문 직종 종사자들을 배제하는 배타적인 '클로즈드 숍(closed shop)'[12]이 될 수 있다는 점이 전문화의 부정적인 측면이다. 표준과 행동 강령, 인가에 대한 논의의 많은 부분은 업무의 특정 부분을 통제하려는 시도이며 따라서 상업적 동기가 되어 종종 의심을 받곤 한다.

전문화의 징후 중 하나는 핵심 교육과정을 규정하고자 하는 욕구이지만 조경처럼 다양하고 광범위한 업역에서 이는 불가능한 요구사항이 되고 있다. 조경의 핵심은 유동적일 수 있으나 고정된 본질은 없다. 공학, 예술, 건축, 도시계획, 도시설계 같은 다른 업역과의 경계가 있지만 이 범위는 고정되어 있지 않고 투과적이다. 그럼에도 불구하고 조경에는 다른 업역과 동화될 수 없는 고유한 것이 있다. 이를 개념화하는 유용한 방법은 조경을 대가족으로 생각하는 것이다. 이 가족에는 프레더릭 로 옴스테드와 캘버트 복스가 했던 것과 같은 종류의 일을 하는 사람도 있을 것이다. 이들은 도시 한복판에 목가적인 풍경을 전용한다는 옴스테드의 견해를 반드시 공유하지 않더라도 공원이나 공원 시스템을 설계할 것이다. 어떤 이는 공원을 설계한 적이 한 번도 없는 대신 엔지니어들과 함께 교통 인프라스트럭처를 설계한다. 또 어떤 이는 내수시장에 특화되어 대부분 정원에서만 작업한다. 경력 대부분을 삼림 감독관과 함께 일하면서 식재와 작업이 시각적·환경적으로 조화를 이루도록 도와온 사람이 있는가 하면, 도시의 광장과 보행자 도로를 설계하거나 개조하며 도시에서 작업할 때 가장 행복한 사람도 있다. 이 분야에서 일하는 두 사람을 선택해보면 이들이 하는 일이 각자 너무 다르기 때문에 같은 전문 직종의 일원이라고 생각하기 어려울 수도 있다. 하지만 이들 사이 그리고 다른 이들과 이들을 연결하는 사이에는 유사성이 거미줄처럼 쳐져 있다. 아마도 조경의 개방성은 조경이 가진 가장 강력한 힘일 것이고, 투과성이 있는 경계는 다른 업역의 모델이 되어야 할 것이다.

업역을 규정하고자 하는 시도는 대개 실패하며(머리말 끝에 세계조경가협회가 내린 정의를 덧붙였다) 이는 불가피하다. 이러한 시도는 대부분 장황하고 말이 많으며, 조경과 관계된 온갖 종류의 활동을 모두 포착하려고 한다. 코펜하겐대학 조경학과 교수였던 고(故) 마를레네 하욱스네르(Marlene Hauxner)는 『하늘을 향해 열린*Open to the Sky*』이라는 책을 저술했는데, 그는 조경은 지붕이 없는 모든 곳의 계획 및 설계와 관련이 있다고 말했다. 하지만 이런 전도유망한 정의도 실수를 할 때가 있는데, 왜냐하면 이 책 전체는 실내조경 설계에 대해 쓰였기 때문이다. 본질주의적 정의에는 이 같은 문제가 따른다. 반증의 사례도 적절하지 않다. 필자는 조경은 '좋은 장소를 만드는 일'이라고 한 런던 그리니치대학의 톰 터너(Tom Turner)의 주장도 좋아한다. 그는 오래된 장소를 만드는 일이 항상 그렇지는 않다면서 '좋은'이라는 단어를 강조한다. 하지만 물론 그의 권고는 아주 일반적이고, 어떤 것이 좋다고 여겨지는지에 대한 문제를 남겨둔다. 이 문제에 대한 답은 생태학, 심리학, 사회학, 정치학, 미학 등과 관련이 있다. 21세기의 장소 만들기와 개선은 이런 것들과 관련되는 듯하다.

제 3 장

모더니즘

1899년 전문 업역으로서의 조경을 형성하는 모임이 뉴욕에서 열리던 무렵 전통을 거부하는 움직임이 미술계 전체를 휩쓸고 있었다. '모더니즘(Modernism)'은 여러 분야에 따라 다른 의미를 지녔지만 산업화와 기술 발전이 이끈 새로운 사회와 관련된 표현 형태의 탐색과 주로 관련이 있다. 모더니즘적 사고는 순수예술(특히 회화)과 건축에서 매우 다른 궤적을 가지고 있었으나 둘 다 이제 막 생겨나기 시작한 조경 업역에 강력한 영향을 미쳤다.

근대미술의 영향

20세기 영국의 원로 조경가인 제프리 젤리코 경은 경관설계는 시각예술, 특히 회화와 특별한 관련이 있다는 이론을 정립했다. 그는 설계가 빨리 끝나더라도 방대한 양의 흙을 옮기고, 거대한 호수에 진흙을 발라 물이 새지 않게 하거나 수백 그루의 나무를 심는 등 건설에 많은 시간이 소요되기 때문에 일반적으로 혼자서 일할 수 있는 능력을 넘어서고, 그 때문에 경관설계에는 오랜 시간이 걸린다고 주장했다. 지형이 만들어지고 식재가 끝나도 경관이 의도한 형태와 가까워지려면 여러 계절 동안 식물이 자라야 한다. 이러한 제약은 실험을 어렵게 만든다. 반면 화가는 상대적으로 부러운 환경에 있다. 스튜디오, 이젤, 캔버스 몇 개, 물감 조금 정도로 필요한 재료가 많지 않다. 이 때문에 제프리 젤리코는 화가는 미적 선구자가 될 수 있으나 조경가는 기껏해야 이들에 뒤처지지 않기 위해 노력하는 정도라고 주장한다. 18세기의 경관설계가(designer of landscape)들은 예술작품을 면밀히 연구했으며, 니콜라 푸생, 클로드 로랭, 살바토르 로사(Salvator Rosa, 1615~1673) 등 유명한 화가들의 그림에서 아이디어를 얻었다. 그러나 제프리 젤리코는 19세기에 문제가 생겼다고 주장했다. 모험심 가득한 식물 사냥꾼들이 영국에 보낸 새로운 품종과 이종(varieties)의 잇따른 유입, 과시적 원예를 위한 경쟁적인 태도를 조장하는 증기난방 온실 같은 기술적 발전을 통해 증가한 원예에 대한 과도한 열정 때문에 이들 그림과의 접점이 단절되었다는 것이다. 20세기에 접어들어 경관설계는 예술과의 연관성을 재발견했지만 그사이에 예술은 계속 발전했다.

풍경화가 회화 장르로 여전히 유행하던 시절에도 예술계는 지형을 정확하게 묘사하는 일을 중요하게 여기지 않았다. 지리학자이자 예술사가인 피터 하워드(Peter Howard)가 지적했듯이 풍경의 정확한 기록을 찾으려면 유명한 화가보다는 덜 유명한 화가의 작품에서 이를 찾을 수 있는 가능성이 더 높다. 핍진성(verisimilitude)에 대한 무관심은 헨리 퓨즐리(Henry Fuseli)가 왕립 아카데미 사무국장을 맡으면서 '특정 장소의 평범한 묘사'에 충실한 작품들을 제외시킬 정도였다. 어쨌든 풍경의 기록은 이를 보다 정확하고 신속하게 할 수 있는 사진가들의 역할이 되었다. 의도가 진지한 예술가들은 추상화로 눈을 돌려 사진의 도래에 대응했다. 하워드가 언급했듯이 큐비즘 풍경화, 초현실주의 풍경화, 표현주의 풍경화가 있지만 (이 단어를 사용할 수 있다면) 묘사된 장소보다는 탐색된 이론과 방법이 훨씬 더 중요하다. 그럼에도 불구하고 젤리코는 미술, 특히 추상미술이 경관설계가들이 나아갈 길을 보여줄 수 있다고 믿었다.

사실 추상화에서 직접적으로 영감을 받은 경관설계도 있었다. 건축가 가브리엘 게브레키앙(Gabriel Guévrékian, 1900경~1970)은 오늘날 아르 데코(Arts Deco)의 전시장으로 기억되는 1925년 장식미술 및 현대산업 국제박람회(Exposition internationale des Arts Décoratifs et industriels modernes)에서 물과 빛의 정원(Garden of Water and Light)을 설계했다. 그리고 이를 계기로 샤를 드 노아유(Charles de Noailles)가 예르(Hyères)에 있는 자신의 정원에 삼각형의 추상 정원을 의뢰하게 만들었다. 아르 데코는 입체주의의 영향을 받았고 기술에 경도되었으나 기능에 대한 관심 부족은 모더니즘 건축의 다른 흐름과 구분되었다. 콘크리트와 기하학적 패턴을 사용하고, 식물을 드문드문 심은 게브레키앙의 앙상한/각진(angular)[13] 정원은 많은 정원사들을 당황스럽게 했겠지만, 설계가들은 이를 원예적·자연주의적 전통과의 절대적인 단절로 보았다. 하지만 이는 주로 양식적인 관점에서 감탄의 대상이 되었고 사용되는 '옥외의 방(room outside)'은 아니었다. 그럼에도 불구하고 미국의 조경가 플레처 스틸(Fletcher Steele, 1885~1971)은 게브레키앙의 작업에 깊은 인상을 받아 「정원설계에서의 새로운 개척New Pioneering in Garden Design」이라는 글을 쓰기도 했다. 이는 이에 대응해 일어서자고 하는 어느 모더니스트의 요청이었으나 처음에 동료들은 이를 무시했다. 스틸은 자신의 설계 실무에서 모더니즘적 개념을 실험하기 시작했는데, 이전에는 이탈리아풍의 정형식이나 영국 풍경화식 양식에 토대를 두었다. 그는 매사추세츠주 스톡브리지(Stockbridge)에 위치한 나움케그(Naumkeag)에서 숲 사이로 올라가는 일련의 계단이라는 르네상스적인 아이디어를 착안했고, 이의 모더니즘 버전인 푸른 계단(Blue Stairs)을 제작했다. 단순하고 이후 수많은 사진으로 알려진 이 계단에는 우아한 곡선을 그리는 흰색의 금속 난간이 있다.

추상화 경향에 영향을 받은 또다른 실무가로는 브라질 출신의 박학다식한 호베르투 부를리 마르스(Roberto Burle Marx, 1909~1994)가 있는데, 그는 화가이자 조각가, 보석 디자이너, 무대 디자이너, 식물학자, 원예가, 조경가였다. 그는 기본적으로 자신을 화가라고 생각했는데, 그의 다채로운 캔버스는 한스 아르프(Hans Arp)와 호안 미로(Joan Miró)의 작품과 비슷했다. 생물을 연상시키는 형태와 눈부신 색채는 그의 식재 계획에서도 잘 드러난다. 그는 단일 품종 블록(single-variety block)을 활용해 잎사귀로 풍경화를 은유적으로 그릴 수 있었다. 이는 그가 페트로폴리스(Petrópolis) 인근에 위치한 몬테이루(Monteiro) 가족 영지에 조성한 유명한 정원에서 볼 수 있다. 그의 작품 중 일부는 그의 고향 리우데자네이루의 코파카바나(Copacabana) 해변에 조성한 4.8킬로미터 길이의 산책

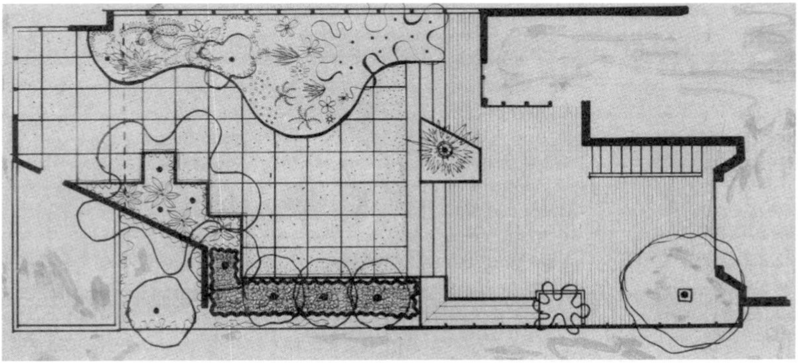

4. 토머스 처치의 커컴 정원(Kirkham Garden, 1948). 야외생활을 위한 공간으로서의 정원이다.

5. 캘리포니아주 소노마 카운티에 있는 도널 저택 정원은 1954년 토머스 처치가 로런스 핼프린과 공동 설계한 것으로, 서부 해안 생활방식의 상징이 되었다.

로 포장 바닥처럼 매우 패턴화되었다(1970). 개인 고객을 대상으로 한 작업 목록도 인상적이지만 리우데자네이루에 있는 오스카르 니에메예르(Oscar Niemeyer)가 설계한 교육부 건물의 옥상 정원(1937~1945)과 건축가 루시우 코스타(Lúcio Costa)와 함께 작업한 브라질리아 설계(1956~1960) 같은 공공 프로젝트도 주목할 만하다.

또다른 중요한 과도기적 인물로는 토머스 처치(Thomas Church, 1902~1978)가 있다. 그는 버클리대학과 하버드대학에서 수학하고, 장학생으로 스페인과 이탈리아를 여행했다. 그곳에서 그는 캘리포니아와 지중해의 기후가 매우 비슷하며, 이것이 옥외 주거환경에 얼마나 도움이 되는지를 깨달았다〔도판 4〕. 대공황 시기에 그는 샌프란시스코에 작은 사무실을 열고 부를 과시하는 이들보다는 부유한 중산층 고객을 위한 정원을 설계하며 차츰 경력을 쌓아갔다. 처치는 플레처 스틸이 모더니즘을 수용한 덕분에 대칭의 멍에를 보다 수월하게 벗어던질 수 있었다. 목재 데크와 자유로운 형태의 수영장이 있는 그의 편안한 정원은 서부 해안가 생활방식의 특징적인 요소가 되었고, 그의 설계방식은 곧 캘리포니아 스타일로 알려지게 되었다. 그는 이를 라이프 스타일 잡지 기사를 통해 홍보했는데, 그중 가장 영향력 있는 것은 동부에서 건너와 캘리포니아에 정착한 사람들을 대상으로 한 〈선셋Sunset〉이라는 잡지였다. 처치는 추상 미술의 영향을 받았다. 부를리 마르스처럼 아르프에게서 형태를 빌려온 듯했고, 격자무늬 포장 바닥이나 지그재그로 놓인 목재 벤치를 배경으로 부드러운 곡선을 유희하듯 그리는 것이 그의 특징적인 전략이었다. 처치는 입체주의와 초현실주의의 영향을 받았지만, 1937년 핀란드에서 모더니즘 건축가 알바 알토(Alvar Aalto)와의 만남을 계기로 자신의 양식을 성숙하게 발전시켰다. 그는 기후를 고려해 서부 해안 기후에서는 계속해서 물을 주어야 하는 잔디를 정원에 거의 사용하지 않았다. 대신 처치는 바닥 포장, 자갈, 모래, 미국삼나무 데크, 내건성인 지피식물 식재〔도판 5〕를 사용했다. 그는 약 2,000개의 정원을 설계했지만 이런 요소 중 다수가 완벽한 조화를 이루고 있는 캘리포니아 소노마 카운티의 도널(Donnell) 저택 정원(로런스 핼프린과 공동 설계, 1954)이 그의 걸작으로 꼽힌다. 대상지에 있던 참나무 주변으로 데크를 넓게 설치하기로 한 처치의 결정 또한 유명하며, 연못에 놓인 애들린 켄트(Adeline Kent)의 호리호리한 조각은 쾌락을 추구하는 태평양 연안의 생활방식을 상징하게 되었다.

건축 이론의 영향

영향력 있는 몇몇 조경가들은 자격을 갖춘 건축가이거나 다른 건축가들과 긴밀하게 작업해왔다. 이 두 업역은 오랫동안 연관되었기 때문에 건축 이론의 발달은 불가피하게 조경에 영향을 미쳤다. 영국의 미술사가 니콜라우스 페브스너(Nikolaus Pevsner)에 따르면 건축에서의 모더니즘은 과거에 방해받기를 거부하는 아르누보(Art Nouveau)와 디자인에서의 뛰어남과 통합성을 요구하는 영국의 미술공예운동에서 파생되었다. 이러한 흐름이 공업기술의 엄청난 잠재력과 철이나 유리 같은 새로운 재료와 결합했을 때 모든 전통과 단절할 수 있는 길이 열렸다. 건축에서의 모더니즘은 앞서 일어난 장르에서보다 더 급진적이었고, 개인의 손재주뿐 아니라 주제와 관련 없는 장식을 모두 반대하고 기능주의라는 순수한 원칙을 선호했다. 예를 들어 아돌프 로스(Adolf Loos, 1870~1933)는 "모든 장식은 똥이다(all ornament is excrement)"라고 선언했고, 르코르뷔지에(Le Corbusier, 1887~1966)는 집은 '살기 위한 기계(a machine for living in)'가 되어야 한다고 생각했다. 1930년에서 1933년까지 바우하우스 디자인학교 교장을 역임한 루트비히 미스 반데어로에(Ludwig Mies van der Rohe)는 "적을수록 낫다(Less is more)"라는 간결하면서도 함축적인 미니멀리스트적인 격언뿐 아니라 "신은 디테일에 있다(God is in the details)"는 금언을 남기기도 했다. 시대정신에 충실했던 근대건축은 불필요한 것을 모두 제거하고 기본적인 것만 남긴 기능적인 창조물이었고, 장식의 적용이 아니라 확실하고 적합한 용도와 정직한 재료의 사용이 미학적 관심사였다. 산업적 대량생산과 사전 제작을 통해 많은 사람들이 훌륭한 디자인을 사용할 수 있게 되었고, 이런 점에서 모더니즘은 진보적인 사회 비전과 결합되었다. 르코르뷔지에의 경력이 이를 잘 보여준다. 그가 20세기의 창조적인 천재임에는 의심의 여지가 없으며, 빌라 사부아(Villa Savoye, 1928~1931)나 롱샹 성당(Chapel at Ronchamp, 1950~1954)과 같은 그의 소규모 프로젝트는 20세기의 걸작으로 인정받고 있다. 하지만 도시설계로 전향한 여러 자신감 넘치는 건축가의 경우처럼 그의 새로운 도시 형태에 대한 처방은 비참한 결과를 초래할 수도 있었다. 그는 부아쟁 계획(Plan Voisin, 1925)을 시행하기 위해 파리 중심부의 많은 부분을 허물 것을 제안했다. 이는 여러 요소들이 잔뜩 뒤섞여 풍요로운 오래된 구역 대신 보기 흉한 격자로 배치된 천편일률적인 십자 형태의 고층 건물 블록이 도시의 전면에 가차 없이 드러나는 계획이었다. 천만다행으로 이 계획은 시행되지 않았으나 그보다 못한 건축가와 계획가 들은 대규모 재건축을 통해 불필요해 보이는 부분을 제거한다는 아이디어를 채택했고, 그 결과는 오늘날 끔찍하다는 평가를 받고 있다. 1972년 미주리주 세인트루이스의 프루이트아이고 주택 프로젝트(Pruitt-Igoe housing project)의 철거 사례는 그 전환점으로 꼽힌다. 이곳은 합리적인 모더니즘 수칙에 따라 지어졌지만 겨우 16년 만에 사회악의 집거지로 악명을 떨쳤다. 건축가이자 비평가인 찰스 젠크스(Charles Jencks)는 이것이 모더니즘 꿈의 끝이라고 주장한다.

조경가들도 기능주의 원칙을 적용하거나 콘크리트와 철, 유리를 활용할 수 있는 방법을 찾기 위해 노력했다. 그럼에도 불구하고 가속도가 붙은 근대건축의 의기양양한 돌격에 휩쓸리게 된 것은 놀라운 일이 아니다. 모더니즘에 열광하며 이에 대한 글을 쓴 초기 인물 중에는 캐나다 출신으로 영국에서 활동한 설계가 크리스토퍼 터나드(Christopher Tunnard, 1910~1979)가 있다. 그의 저서 『근대 경관 속의 정원*Gardens in the Modern Landscape*』은 최초의 근대 조경 선언문이었다. 터나드는 지나치게 많은 장식과 정교한 초본 경계화단(borders)이 특징인 빅토리아시대 디자이너들을 조롱했을 뿐만 아니라 목가적 풍경을 배경으로 수많은 건물들을 묘사했다는 이유로 위대한 르코르뷔지에를 공격하기도 했다. 터나드가 보기에 경관은 건물과 동일한 합리적이고 목적에 충실한 원칙에 따라 설계되어야 했다. 그는 모더니즘 건축을 선망할 뿐만 아니라 일본의 전통 건축과 정원에도 열광했는데, 그는 이것이 기능적이기에 아름다움에 이르렀다고 생각했다. 그는 영국에서 유명한 두 개의 모던 정원(Modern Garden)을 설계했는데, 하나는 레이먼드 맥그래스(Raymond McGrath)가 설계한 서리주의 처트시(Chertsey)에 있는 자신의 집인 세인트 앤스 힐(St. Ann's Hill)이고, 다른 하나는 서식스주 할란드(Halland)의 벤틀리 우드(Bently Wood)에 있는 러시아 이민자 세르지 체르마예프(Serge Chermayeff)가 설계한 주택이다(모두 1936~1937). 하지만 그는 영국에서는 새로운 생각이 잘 수용되지 않음을 알게 되었고, 바우하우스의 설립자였으나 미국으로 귀화한 발터 그로피우스(Walter Gropius, 1883~1969)가 그를 하버드대학 디자인대학원 강의에 초빙했을 때 미국으로 떠났다. 마침내 그는 예일대학에서 교편을 잡았고, 그곳에서 그의 관심사는 설계에서 도시계획과 역사적 보존으로 옮겨갔다. 뿐만 아니라 일찍이 1946년에 "어떤 종류의 건축이나 설계가 다른 것보다 본질적으로 '낫다'고 생각하는 데 위험한 오류가 있다"라고 경고하면서 모더니즘의 도그마를 거부했다.

하버드의 반항아들

터나드가 처음 강의한 하버드대학은 조경과 20세기 모더니즘으로의 전환과 밀접한 관련이 있다. 조경학과는 1900년 하버드대학 총장의 아들인 찰스 엘리엇(Charles Eliot)을 기리기 위한 과정이 개설되면서 설립되었다. 1893년 엘리엇은 옴스테드, 옴스테드 앤드 엘리엇(Olmsted, Olmsted and Eliot)의 파트너가 되었다. 그의 파트너는 프레더릭 로 옴스테드와 그의 조카이자 의붓아들인 존 찰스 옴스테드(John Charles Olmsted, 1852~1920)였다. 엘리엇은 프레더릭 로 옴스테드의 건강이 나빠지면서 보스턴의 대도시 공원위원회(Metropolitan Park Commission) 조경가로 공식 선정된 회사를 이끌었다. 그는 도시의 공원 시스템에 대한 종합적인 계획을 세우기 위해 위원들을 설득하느라 힘든 시간을 보냈고, 점점 더 커져가는 좌절감은 1897년 그가 37세의 젊은 나이에 뇌수막염으로 사망하게 된 요인 중 하나였을지도 모른다. 엘리엇의 아버지가 조성한 프로그램은 센트럴파크의 설계가인 옴스테드의 아들인 프레더릭 로 옴스테드 주니어가 이끌었다. 대학과 이제 막 생겨난 업역 간의 유대관계는 더할 나위 없이 강력했지만 20세기 중반의 조경 강의는 틀에 박혀 있었다. 옴스테드식의 목가적인 풍경 비전이 여전히 강조되었고, 자연을 모방하는 설계가 형식적이거나 확연히 인공적인 어떤 것보다 본질적으로 우월하다는 가정이 일반적이었다. 하지만 1937년 그로피우스가 부임해 건축학, 조경학, 도시 및 지역

계획학 등 세 학과를 통합해 디자인대학원을 만들기로 결정했을 때 이 모든 것이 바뀌기 시작했다. 조경학과와 건축학과의 학생들은 스튜디오 프로젝트에서 협업했고, 이 같은 방식으로 바우하우스적 사고가 조경학 교과과정에 스며들기 시작했다. 터나드는 그의 전위적인 아이디어 때문에 특별히 영입되었으며 변화의 촉매제가 되었다. 세 명의 원숙한 학생들도 모더니스트운동에 참여했는데, 그들은 바로 개릿 에크보(Garrett Eckbo, 1910~2000), 댄 카일리(Dan Kiley, 1912~2004), 제임스 로즈(James Rose, 1913~1991)이다. 이들을 '하버드의 반항아들(Harvard Rebels)'이라고 부르기도 한다.

정원설계가로서의 제임스 로즈의 경력 대부분은 같은 시대의 뛰어난 이들에 가려져 잘 알려지지 않았으나 현재는 뉴저지주 리지우드에 있는 그의 집에 연구센터가 있다. 그는 1930년대 〈펜슬 포인츠Pencil Points〉라는 잡지에 기고한 글에서 축 중심의 설계와 회화적인 접근방식을 모두 비판했는데, 이는 매우 도발적이고 영향력이 있었다. 댄 카일리는 하버드의 보수적인 관점에 환멸을 느끼고 졸업도 하지 않은 채 학교를 떠났지만, 전쟁 후 건축가 에로 사리넨(Eero Saarinen)과의 우정을 통해 뉘른베르크 대법원(유스티츠궁) 작업을 맡았고, 유럽에 머무는 동안 수많은 역사적인 정원을 방문하면서 '알레(allée)' '보스케(bosquet)' '불바르(boulevard)'와 같은 설계

언어를 습득했다. 이후 그는 사리넨과 인디애나주 콜럼버스에 있는 J. 어윈 밀러 하우스(J. Irwin Miller House) 작업을 함께 했고, 그곳에서 그는 모던 표현양식의 요소를 활용할 수 있었다. 댄 카일리는 (제프리 젤리코가 그랬던 것처럼) 모더니즘 정원과 고전주의적 정원이 정신적으로 그렇게 동떨어져 있지 않으며 잘 융합될 수 있다는 사실을 깨달았다. 그는 모더니즘에서는 명료한 선과 또렷한 기하학이 특징인 군더더기 없는 미학을 취했지만, 필요한 곳에서는 이를 고전주의적 대칭과 기꺼이 결합시켰다. 이에 완만한 테라스와 전정한 생울타리가 있는 캔자스시티의 넬슨-앳킨스 미술관(Nelson-Atkins Museum of Art)의 헨리 무어 조각 정원(Henry Moore Sculpture Garden, 1987~1989)과 텍사스주 댈러스의 이오 밍 페이(I. M. Pei)가 설계한 얼라이드 뱅크 타워(Allied Bank Tower) 주변 광장에 263개의 분수(bubbler fountain)와 원형 화강암 화분에 심은 사이프러스나무를 격자 패턴으로 배치한 설계에서 나름의 방식으로 앙드레 르 노트르에 경의를 표했다.

이 세 명의 반항아 중 개릿 에크보가 가장 열정적으로 모더니즘의 사회적 비전을 추구했다. 1939년 그는 캘리포니아로 돌아와 먼저 농업안정국(Farm Security Administration)에서 일하며 이주노동자와 오클라호마주와 아칸소주의 더스트 볼(Dust Bowl)[14] 이주자들의 주거설계를 도왔다. 그는 기본적인 욕구를 충족시킬 뿐만 아니라 즐거운 공동체 의식을 함양할 수 있는 주택설계를 하기 위해 바우하우스에서의 교육 일부를 반영했다. 이 철학은 제2차세계대전 이후 새로운 주택에 대한 수요가 많던 시기에 그에게 큰 도움이 되었다. 노동자계급을 위해 좋은 환경을 조성하고자 한 그의 바람은 보다 부유한 고객을 대상으로 작업한 토머스 처치와 종종 대비된다. 1945년 그는 파트너 로버트 로이스턴(Robert Royston), 에드워드 윌리엄스(Edward Williams)와 함께 회사를 창업했다. 초기에는 토머스 처치와 경쟁하며 정원 작업을 했지만 개릿 에크보는 조경이 무엇을 할 수 있고 또 무엇이 될 수 있는지에 대한 보다 큰 비전을 가지고 있었다. 이들 회사는 대학 캠퍼스와 파크웨이, 도시 광장, 산업용 건물과 발전소 주변 같은 대형 프로젝트를 맡았다. 주목할 만한 프로젝트로는 프레즈노의 다운타운 몰(1965), 로스앤젤레스의 유니온 뱅크 스퀘어(1964~1968), 앨버커키의 뉴멕시코대학 오픈스페이스(1962~1978) 등이 있다. 개릿 에크보는 1963년 버클리대학 조경학과 학장이 되었고, 1964년에 시작한 EDAW(Eckbo Dean Austin and Williams)는 세계에서 가장 영향력 있는 조경 및 도시설계 회사 중 하나가 되었다. 그의 주변에는 그의 정신(ethos)을 공유하는 훌륭한 설계가들이 많았지만 그 자신이 그들의 미션을 가장 훌륭하게 표현할 수 있는 사람이었다. 개릿 에크보는 1950년에 출판된 『생활을 위한 디자인*Design for Living*』에서 이를 가장 효과적으로 표현했는데, 이 책은 오늘날 고전의 반열에 올랐다. 이는 최고 수준의 이론과 가장 현실적인 실현 가능성을 혼합하고 미적·사회적 목표가 결합될 수 있음을 보여주려는 시도였다. 그는 도시환경에서 발견한 파편화와 역기능에 실망했지만 사람들이 지닌 최대한 협력하고자 하는 본능을 이용해 작업하는 것이 계획가나 설계가의 역할이라고 생각했다. 1940년 하버드대학에 진학하기 전 코넬대학의 농업학교에서 교육받은 로런스 핼프린(Lawrence Halprin, 1916~2009)은 제임스 로즈, 댄 카일리, 개릿 에크보와 동급생이 될 기회를 아슬아슬하게 놓쳤다. 그는 그로피우스와 터나드 그리고 바우하우스의 교수였다가 미국으로 건너온 마르셀 브로이어(Marcel Breuer, 1902~1981)에게 많은 영향을 받았다. 핼프린은 군 복무 후 샌프란시스코로 가서 토머스 처치 밑에서 일했다. 그는 고용주와 잘 지내기는 했지만 개인적인 정원 작업에는 제약이 많다고 생각했다. 그에 따르면 그는 '정원 상자(garden box)'를 부수고 나와 '보다 큰 규모의 지역공동체 작업'을 하고 싶어 4년 후 퇴사해 자기 사무실을 차렸다고 한다. 조경 업역의 발전에 큰 기여를 한 그의 작업 중에서 특히 오리건주 포틀랜드에 있는 러브조이 플라자(Lovejoy Plaza, 1966)와 아이라 켈러 파크(Ira Keller Park)가 인상적인 도시 공원으로 가장 유명할 것이다. 이 두 곳은 모두 핼프린이 즐겨 걷던 산악을 콘크리트로 추상화한 것이다. 언덕 가운데를 깎아 만든 고속도로 사이를 연결하는 워싱턴주 시애틀의 프리웨이 파크(Freeway Park)도 높이 평가되고, 샌프란시스코 기라델리 스퀘어(Ghirardelli Square)의 도시재생에 대한 그의 선도적 작업도 유명하다. 1960년대에 그는 시 랜치(Sea Ranch)로 알려진 캘리포니아 해변의 새로운 커뮤니티를 계획하는 데 참여했는데, 이는 환경을 존중하고 '땅 위에서 가볍게 살기' 정신으로 운영되었다. 핼프린은 새로운 협업을 탐색하고 새로운 창조적 방법을 고안한 혁신가였다. 그는 무용가이자 안무가인 아내 애나와 함께 환경을 가로지르는 움직임을 기록하는 '모테이션(motation)'을 개발하고 설계와 작곡을 연결시켰다. 그는 바우하우스의 정신을 담아 다양한 업역의 통찰력을 결합한 협업 팀을 구성했고, 시민들이 설계 과정에 참여하게 한 초기 인물이었다.

다른 곳의 모더니즘

미국에서만 모더니스트 반항아들이 나온 것은 아니다. 덴마크에서는 G. N. 브란트(G. N. Brandt, 1878~1945)가 보자르(Beaux-Arts, 순수예술)의 역사주의에 반대했지만 그는 영국의 미술공예운동 정원의 공간적 명료함에 영향을 받았다. 그는 기하학적 질서가 특징인 겐토프테에 위치한 마리비에르 묘지(Mariebjerg Cemetery, 1925~1926)를 설계한 것으로 유명하다. 많은 조경가들이 브란트의 스튜디오에서 인턴으로 일했는데, 그중에서 가장 유명한 사람은 C. Th. 쇠렌센(C. Th. Sørensen)이다. 그는 덴마크의 문화경관 요소를 자신의 건축학적 실천에 도입해 설계에 크게 기여했다. 이는 생울타리로 타원형의 위요 공간을 조성하는 것인데 그는 먼저 내룸(Naerum)에 있는 자신의 텃밭 정원에, 이어 헤르닝(Herning)의 앙글리 IV(Angli IV) 공장과 결합된 조각 공원(1956)에 이를 조성했다. 미국에서와 마찬가지로 덴마크 모더니스트들 사이에서도 정원과 경관을 건축의 부속물, 전체 구조의 한 부분을 형성하는 옥외의 방으로 보는 것이 일반적인 태도였다. 모더니즘은 진보적인 사회적 이상과 결합된 스웨덴에서도 강했다. 홀예르 블롬(Holger Blom, 1906~1996)은 조경가가 아닌 도시설계가였지만 1938년에서 1971년까지 스톡홀름의 공원 책임자였으며, 공원을—냉수와 온수가 나오는 집처럼 문명생활에 중요한—사회적 필수품으로 보아야 한다는 계몽적인 정책을 장려했다. 공원은 활발히 이용할 수 있도록 계획되어야 하고 도시 전체에 스며들어야 했다. 블롬이 이 목표를 실현할 수 있도록 도움을 준 조경가는 에리크 글레메

(Erik Glemme, 1905~1959)이다. 미국에서 개인 정원에 중점을 둔 캘리포니아 유파가 생겨날 때 사회민주주의 스웨덴에서는 공공사업에 헌신하는 스톡홀름 공원설계 유파(Stockholm School of Park Design)가 생겼다. 스톡홀름 유파는 형식주의와 픽처레스크의 표현 양식을 피하고 지역 경관에서 영감을 받았다. 시각적 양식에서는 자연주의적이지만 합리적 계획과 기능적 목표, 현대적인 재료를 수용했다.

건축에서의 모더니즘은 우상 파괴적이었지만 역사적 양식과 엄격한 공식을 전복할 방식을 탐색하면서 결국에는 스스로 만든 법칙에 구속되었다. 1930년대의 국제 양식은 시대에 적합한 유일한 양식으로 장려되었고, 이름이 암시하듯 역사, 문화, 기후에 상관없이 세계 어느 곳에서나 적용될 수 있었다. 글라스 커튼 월이 있는 철골 구조의 마천루는 국제금융이 선호하는 양식이 되었고, 저 멀리 방콕, 토론토, 멜버른, 싱가포르 같은 도시의 상업지구는 모두 맨해튼의 복제판처럼 보이게 되었다.

조경은 이러한 균질해지고 마는 운명에서 구원되었는데, 이는 부분적으로는 '장소의 혼을 찾아보라'는 18세기의 권고 때문이고, 또한 기후, 토양, 초목에 나타나는 아주 다루기 까다로운 지역적 다양성 때문이다. 모더니즘은 흙, 물, 식물과 같은 필수적인 조경 재료를 결코 진정으로 대체한 적이 없었다. 재료에 대한 관심, 공간에 대한 강조, 대상지 계획에 대한 합리적 접근, 효과적이면서도 우아한 미적 즐거움이 모더니즘이 남긴 긍정적인 유산이다. 무엇보다도 경관이 기능적이어야 한다는 개념이 남아 있는데, 이는 다음 장에서 보다 자세히 살펴보고자 한다.

제 4 장

쓰임과 아름다움

존 딕슨 헌트가 처음으로 '세 개의 자연' 개념을 제시한 이래 이 범주의 수를 확장해야 하는지에 대해 많은 생각을 해왔다. '재야생화(re-wilding)' 정책의 일환으로 경작지의 경관을 의도적으로 관리하지 않고 방치했을 때 뒤이어 나타나는 경관은 제1의 자연(야생)의 일부인가, 제2의 자연(경작)의 일부인가, 아니면 제3의 자연(미적 의도를 가지고 설계된)의 일부인가? '경관'이라는 용어 자체는 자연과 문화의 혼합이라는 개념을 담고 있다. 일부에서는 관리된 자연 보호구역, 매립 경관, 복원된 서식지 등과 같이 개념적으로 복합적인 장소를 다루는 '제4의 자연' 개념이 필요하다고도 한다. 하지만 제4의 자연을 만들어 문제를 복잡하게 만들지 않더라도 미적 의도를 기준으로 제2의 자연에 속한 일상의 경관과 제3의 자연에 속한 즐거움을 위한 부지(pleasure ground)를 구분하는 것만으로도 이미 문제는 충분하다. 미학은 종종 문제가 되는데 심지어 평범한 장소에서도 그렇다.

이것은 18세기 영국의 지주들을 매료시킨 개념인 '장식 농장(ferme ornée)'의 사례를 통해서 쉽게 알 수 있다. 이 용어는 영국 풍경식 정원 유파의 초기 주창자인 스티븐 스위처(Stephen Switzer, 1682~1745)가 주창했다. 이것은 일부는 미적 원리에 따라 설계되고, 일부는 효율적인 경작을 위해 설계된 영지를 나타낸다. 가장 유명한 사례로는 슈롭셔주 리소즈에 있는 윌리엄 셴스톤(William Shenstone)의 정원이 있는데, 윌리엄 길핀(William Gilpin), 토머스 그레이(Thomas Gray), 올리버 골드스미스(Oliver Goldsmith), 새뮤얼 존슨(Samuel Johnson), 토머스 제퍼슨(Thomas Jefferson) 등 많은 유명 인사들이 이곳을 방문했다. 생산적인 농장이 즐거움을 위한 부지처럼 설계될 수 있다면 숲이나 묘지, 저수지와 같은 다른 종류의 유용한 장소들도 가능하지 않을까? 본질적으로 실용적인 장소도 즐거울 수 있고, 추하지 않을 수도 있지 않을까?

'개선'을 많이 하지 않아도 일상의 경관은 미적 즐거움을 줄 수 있다. 농지가 얼마나 자주 그림의 주제가 되었는지를 생각해보자. 피터르 브뤼헐(Pieter Brueghel), 메인더르트 호베마(Meindert Hobbema), 빈센트 반 고흐(Vincent Van Gogh), 존 컨스터블(John Constable) 등은 모두 화폭에 담을 정도로 들판에 많은 관심을 보였다. 픽처레스크 화가들은 즐거운 효과를 위해서라면 주위에 있는 사물들을 캔버스에 옮기거나 〔하늘을 방대하게 그려〕 수직적 차원을 과장하는 것을 꺼리지 않았다. 조경가에게는 필요한 경우 방대한 양의 흙을 옮길 수 있는 수단이 있으며, 그는 단지 실제의 경관을 재현하는 것이 아니라 외양을 개선하기 위해 고용된다. 고객, 위원회, 계획감독관에게 제안을 발표하는 것 또한 하나의 (아마도 종종 잘 드러나지 않을) 기술(art)이다.

(오늘날 영국조경협회로 불리는) 영국조경가협회는 영국에서 모더니즘이 전성기를 누리던 1929년에 창립되었다. 실무자들은 기능주의를 신조로 삼았고, 이를 아름다움과 결합하는 일로 관심사를 전환했다. 영국조경가협회 창립자들은 다양한 분야에서 활동한 이들이다. 제프리 젤리코는 런던의 AA(Architectural Association)[15]에서 수학할 때 이탈리아 정원에 대한 연구를 마쳤다. 1951년 최초의 여성 회장이 된 브렌다 콜빈(Brenda Colvin, 1897~1981)은 스완리 원예전문대학에서 수학했는데, 이곳은 원래 전문적인 과수 재배를 목표로 설립된 곳이다. 토머스 샤프(Thomas Sharp, 1901~1978)는 전도유망한 도시설계가였고, 이후 어버니즘 개념을 개척

했다. 새로운 단체의 초대 회장 토머스 모슨(Thomas Mawson, 1861~1933)은 유명한 정원설계가로 활동하다 도시설계로 전향했으며, 이미 도시계획협회(Town Planning Institute)의 회장을 역임했다. 협회 창립자들은 한동안 이름을 정하지 못하다가 마침내 미국의 선례를 따랐다. 많은 이들이 개인 정원의 설계 작업을 해왔기 때문에 명칭에 '조원가'를 붙일까라는 생각도 잠시 했다. 이후 브렌다 콜빈은 이것이 실수가 될 뻔했다고 회고하며 "오늘날 업역의 전체 범주에 도달하는 데 더 오랜 시간이 걸렸을 것이다. 만약 우리가 도달할 수나 있었다면 말이다"라고 말했다.

그룹에 수많은 건축가와 계획가가 있었기 때문에 새로운 협회는 정원설계가들만의 집단은 되지 않을 것이 분명했다. 하지만 '전문 업역의 전 영역'은 제2차세계대전 이후 국가적 분위기가 협업과 재건을 촉진하던 때에야 나타나기 시작했다. 국토는 황폐해졌고 퇴역 군인들은 보다 나은 생활환경을 기대했다. 계량 사회주의와 케인스주의로 의견이 합치된 전후 시기에 조경은 대형 공공 프로젝트에 종종 관여하게 되었다. 특히 1950년대에서 1980년대까지 공공 분야는 영국에서 조경의 가장 큰 시장이었다. 마거릿 대처(Margaret Thatcher)의 신자유주의혁명 이후에야 민간 분야에서의 고용이 증가했는데, 그래도 (수많은 지역 트러스트로 구성된 자선단체인) 그라운드워크(Groundwork)[16]가 단일 고용으로는 조경가를 가장 많이 고용했다.

영국의 조경가들 중에는 사회적으로 진보하던 이 시대에 대한 향수를 지닌 이들이 있다. 왜냐하면 창립자들은 오늘날에는 드물게 찾아볼 수 있는 분명한 목적을 발견했고, 대규모 프로젝트뿐만 아니라 국가적인 개발정책에도 영향을 미칠 수 있었기 때문이다. 당시 영국은 시급한 문제에 직면했는데, 새로운 주택 개발, 대규모 인프라스트럭처, 농업기술 개발을 통해 경관의 모습이 빠르게 변화하고 있었기 때문이다. 오늘날 우리가 비슷한 문제에 직면해 있다고 단순하게 생각하려는 영국의 독자들뿐 아니라 근대화, 급속한 경제발전, 경관의 변화를 겪고 있는 나라에 살고 있는 모든 사람들에게 이러한 문제 중 많은 부분이 익숙해 보일 것이다. 그렇기 때문에 이 시기의 영국을 보다 자세히 들여다볼 필요가 있다.

농업

경관을 상상해보라고 하면 많은 사람들은 들판, 농장, 경작지를 떠올릴 것이기 때문에 농업은 좋은 시작점이 된다. 1940년 처음 출판되어 1970년에 개정판이 나온 브렌다 콜빈의 『땅과 경관*Land & Landscape*』의 한 장은 이것에 할애되었다. 브렌다 콜빈은 '인간화되고 잘 이용된' 경관에는 유기적인 아름다움이 있는데 '제도, 이용, 관습'에 의해 바뀔 위험이 있다고 주장했다. 당시의 해악은 그녀가 '교외 확장(suburban spread)' — 오늘날 우리는 이것을 '스프롤(sprawl)'이라고 부르며, 뒤에서 다시 다룰 것이다 — 이라고 일컬은 것, 새로운 도로와 이와 연관된 '대상(帶狀) 개발(ribbon development)'[17], 농업 시스템의 변화였다. 대상 개발에 대한 공포에는 분명 계급적 차원의 문제가 있다. 개발 속의 시장 원리를 맹렬하게 비판한 건축가 클러프 윌리엄스 엘리스(Clough Williams-Ellis)의 『잉글랜드와 문어*England and the Octopus*』에 나타난 도덕적 분노와 일렬로 상점들이 늘어선 스트립 몰(strip mall), 트레일러 캠프, 패스트푸드 식당 같은 미국의 일상적인 도로 풍경을 자신의 잡지 〈경관Landscape〉(1951~1968년 간행)에서 예찬한 지리학자이자 작가인 존 브링커호프 잭슨(John Brinkerhoff Jackson)과 대조해보는 일도 흥미롭다.

영국에서 식량 안보는 전시(戰時) 배급을 경험한 세대에게 중요했지만 브렌다 콜빈은 효율적인 농장을 조성하기 위해 생울타리를 제거할 필요는 없다고 주장하며 산업화된 농업에 대해서도 우려했다. 그는 "우리는 이용 대 아름다움이라는 관념에 여전히 반응하면서 경관의 외양(appearance)에 기반을 둔 모든 논의를 '감상적인 헛소리'로 치부하는 경향이 있다"

고 했다. 하지만 브렌다 콜빈은 신중하게 고려되는, 즉 훌륭하게 계획 및 설계된 변화에는 반대하지 않았다. 따라서 그는 상당히 보수적인 내용을 다루는 장에서 들판의 패턴에는 '육각형의 세포 체계가 보다 효율적이고, 모서리에 나무와 헛간을 배치할 수 있을 것이다'라고 갑작스런 제안을 했다. 이 아이디어가 실현될 것이라고는 생각하지 않지만, 이것은 생산 효율성과 경관이 담을 수 있는 다른 가치들을 결합하는 문제에 대한 설계가의 사고방식을 보여준다.

주택

전후의 계획법에 따라 개발이 행해졌듯이 규제받지 않은 투기 개발을 제재하며 도시의 불량 주택을 종합적으로 재개발하고, 시골에 잘 계획된 신도시를 조성해 주택 부족 문제를 해결할 수 있다. 두번째 개발 형태를 위한 모델은 도시계획가 에버니저 하워드(Ebenezer Howard, 1850~1928)가 『내일의 전원도시*Garden Cities of Tomorrow*』[18]에서 제시했다. 그는 완전한 고용과 즐거운 사교 같은 도시생활에서 가장 좋은 요소와 신선한 공기, 밝은 집과 정원 같은 시골생활의 가장 좋은 점이 결합되었으나, 도시의 나쁜 공기와 높은 임대료 혹은 시골의 가난과 실업 같은 최악의 요소는 없는 새로운 경관 유형의 조성을 주장했다. 도시와 시골의 새로운 혼종, 그리고 에버니저 하워드가 제안한 이를 조성하는 방식은 인구가 3만 5,000명 이하의 들판과 아름다운 자연뿐 아니라 일자리와 오락거리도 제공하는 작고 자족적인 마을을 짓는 것이었다. 이런 아이디어는 전원도시로 알려졌고, 최초의 두 전원도시는 레치워스(1903년 설립)와 웰윈(1920년 설립)에 조성되었는데, 두 곳 모두 런던의 영향권 안에 있었다. 이것은 다시 신도시법(New Towns Act, 1946)과 후속 법령하에 조성된 신도시 건설 증가에 영향을 미쳤다. 제1차 시기에는 에식스주의 바즐던(1949년 지정), 하트퍼드셔주의 헤멜헴프스테드(1947), 노샘프턴셔주의 코비(1950), 더럼주의 피털리(1948)를 포함해 11곳의 신도시가 조성되었다. 마찬가지로 주택 부족에 대응한 제2차 시기가 1961년에서 1964년에, 제3차 시기가 1967년에서 1970년에 있었다. 스코틀랜드에는 컴버놀드(1956)를 포함해 5개의 신도시가 건설되었는데, 여기에는 선도 세대의 일원이었던 피터 영맨(Peter Youngman, 1911~2005)이 조경가로 참여했다.

조경가들은 착수 단계부터 참여했다. 제프리 젤리코는 전원도시의 이상을 변형시켜 헤멜헴프스테드의 첫 계획을 세웠는데, 그의 표현에 의하면 '정원 속의 도시가 아니라 공원 속의 도시'였다. 그의 급진적인 계획은 지역 주민들의 반대로 수정되었지만 그는 다시 워터 가든(Water Gardens, 1947)을 설계하기 위해 초빙되어 설계에서의 상징주의 활용을 실험했다. 정교한 인도교가 있는 장식용 운하는 뱀 모양으로 설계되었고, 눈이 있을 곳에는 분수가, 입이 있을 법한 곳에는 둑이 있었다. 건축가이자 설계가, 조경가인 프레더릭 기버드(Frederick Gibberd, 1908~1984)는 할로(Harlow) 신도시를 계획했고, 평생 그곳에 살면서 자신이 조성한 장소에 대한 신의를 지켰다. 그는 대상지 중앙에 위치한 계곡 내 노지로 공간이 분리되는 높은 지대에 새로운 건조구역(built area)을 배치하는 등 기존 지형을 활용해 도시를 구조화했다. 다른 선도적인 설계가 실비아 크로(Sylvia Crowe, 1901~1997)는 헤멜헴프스테드와 할로의 신도시 조성에 참여했고, 이후에는 바즐던의 경관계획을 진행시켰다.

이후의 신도시 개발회사들은 외부 자문위원을 고용하기보다는 사내의 조경가를 활용하는 경향이 있었다. 진보적인 리더십 아래 조경팀은 혁신적인 아이디어를 내놓았다. 특히 체셔주의 워링턴에서 조경가들은 숲과 야생화 초지 구조 내에서 새로운 개발을 계획해 야생 서식지를 주택의 정원 문 바로 앞까지 이르게 했다. 설계가들은 토착종을 선호했고, 대체로 이국적인 관상용 관목들은 피했다. 이것은 1970년대에 '생태학적 접근(ecological approach)'으로 알려지게 되었고 한동안 유행했다. 버킹엄셔주의 밀턴킨스는 도시라고 생각될 만큼 큰 신도시였다. 이곳에서도 야심찬 전략적인 접근법이 적용되어 하곡(river valley)을 기반으로 한 선형 공원 시스템을 조성하는 경관계획이 수립되었다. 도시의 다른 구역도 식재의 성격에 따라 구분되어 중심부에는 마로니에, 주목, 월계수 등이 특징을 이루는 반면, 계곡의 선형 공원에는 버드나무와 층층나무가 가득하고, 스탠턴버리(Stantonbury)로 알려진 구역에는 라임, 자작나무, 산사나무 등이 주를 이루었다. 피터 영맨은 이곳에도 참여했다. 미국식의 격자형 도로를 풍경과 함께 흐르는 유연한 그물망으로 부드럽게 만든 것은 그의 제안에 의한 것이었다. 길을 곡선으로 만든다고 스프롤 현상이 나타난 교외가 반드시 괜찮아진다는 말은 아니다. 미국의 개발업자들은 지형과 전혀 관련이 없는 곡선 패턴을 채택해 '도시경관'에 대한 접근을 왜곡했다.

1970년대 이후 영국에서는 중앙정부가 계획한 신도시가 건설되지 않았다. 사회주의적 낙관론의 시대, 기술 문명을 신뢰하고 도로 건설에 열정적이며, 자가용을 해방의 수단으로 보던 때에 생겨난 이러한 개발 이면의 생각은 오늘날에는 구식이고 여러 면에서 결점이 있어 보인다. 물론 신도시 아이디어를 지지하는 이들은 여전히 이것이 새로운 주택에 대한 만족스럽지 못한 수요 문제를 시장 원리에 맡기는 것보다 더 나은 방법이라고 이야기할 것이다. 신도시 개념은 생태도시 이야기로 대체되었고, 중국을 포함한 일부 국가는 신도시를 건설하기 시작했다. 건설 당시에도 영국의 신도시는 논쟁거리였다. 당시 도시계획부장관이던 루이스 실킨(Lewis Silkin)이 영국 최초의 신도시 지정을 발표하기 위해 스테버니지(Stevenage)에서 열린 공청회에 참석했을 때 항의자들은 '독재자!'라고 소리를 지르며 그를 맞이했고, 기차역의 이름을 '실킨그라드(Silkingrad)'라고 바꾸어 중앙 계획에 대한 반감을 노골적으로 드러냈다. 지역사회는 대개 신도시를 새로운 고속도로 또는 영국의 대표적인 사례를 들면 고속철도 노선만큼이나 강요되는 것이라고 본다. 이를 반기는 경우는 유성이 떨어지는 것만큼이나 드물다. 조경가가 해야 하는 임무 중 하나는 이를 주변 경관과 조화를 이루게 하여 이러한 환영받지 못하는 개발이 야기하는 혼란을 최소화하는 것이다. 여기에서 조경적 조언을 제공하여 동의하지 않는 프로젝트를 순탄하게 만들어야 하는가는 조경가의 최악의 윤리적 딜레마의 근원이기도 하다.

기술적 근대화를 겪은 모든 나라에는 도로, 철도, 공항, 저수지, 댐, 공장, 발전소 등의 많은 새로운 인프라스트럭처가 필요할 것이다. 땅의 역사적 특징, 풍경의 아름다움, 고대 삼림지대의 풍부한 동식물과 같은 소중한 가치들을 훼손하지 않으면서 이 모든 것을 경관에 적합하게 만드는 일은 쉽지 않은 벅찬 일이다. 하지만 조경가들은 특히 이런 일을 할 능력이 있다. 다시 영국의 사례에 초점을 맞추면 다양한 개발 분야에 걸쳐 수많은 사례가 있다.

발전소

에너지 공급은 예전이나 오늘날에도 여전히 긴급한 문제이다. 1963년 해럴드 윌슨(Harold Wilson) 총리가 한 연설은 오늘날 '백열(white heat)'이라고 하는 기술혁명을 포용한 것으로 기억된다. 해럴드 윌슨은 기술 중에서 저렴하고 전기를 쉽게 공급할 수 있는 원자력에 경탄했다. 하지만 원자력발전소는 불가피하게 건물이 크며 인구가 많은 중심지에서 멀리 떨어져 있어야 하고, 냉각을 위해 물을 공급할 수 있는 곳에 가까이 있어야 하기 때문에 인구는 많지 않아도 풍경이 아름다운 해안 지역에 흔히 건설되는 경향이 있다. 제프리 젤리코는 원자력발전소 배치안을 제안한 최초의 조경가 중 한 사람이다. 이곳은 글로스터(Gloucester)와 브리스틀(Bristol) 사이에 위치한 올드베리 온 세번(Oldbury-on-Severn) 발전소로, 제프리 젤리코는 이곳의 규모와 가지고 있어야 하는 엄청난 힘을 고려했을 때 '문자 그대로 괴물 같은 이질적인 요소'라고 묘사했다. 이것은 생울타리로 경계를 두른 작은 들판들이 유기적인 패턴을 이루는 시골 지역에 배치될 계획이었다. 제프리 젤리코는 이런 건물을 인간적으로 만드는 데 조경가가 할 수 있는 일이 많지 않지만, 적어도 주변 들판의 규모와 원자로 건물의 기하학적인 구조를 결합하는 경관을 설계함으로써 주변 환경과 연결시킬 수 있음을 인정했다. 계획을 위한 모형에는 직선으로 된 일련의 고원(plateau)이 보이는데, 이것은 제프리 젤리코의 친구인 화가 벤 니콜슨(Ben Nicholson)의 추상적인 부조 회화를 연상시킨다. 아쉽게도 구할 수 있는 토양을 너무 적게 추산해 이 설계는 의도한 대로 완성되지 못했다. 한편 1958년 피터 영맨은 에식스주 해안의 사이즈웰(Sizewell)에 있는 원자력발전소를 위한 영국중앙전력청(Central Electricity Generating Board)의 논쟁을 초래한 계획에 참여하게 되었다. 마찬가지로 실비아 크로는 1959년부터 1965년까지 스노도니아 국립공원에 건설된 트로스피니드(Trawsfynydd) 원자력발전소의 경관 자문위원이었다. 여기에서 그는 주변 풍경과 조화를 이루도록 획일적인 건물의 주변 구역을 설계했다. 1958년 실비아 크로는 『에너지의 경관 *The Landscape of Power*』이라는 책을 저술했는데, 이 책은 발전소의 입지를 정하는 문제뿐 아니라 경관에 에너지 보급망이 미치는 시각적인 영향을 최소화하는 방법 등을 다루고 있다. 그는 이 기술적 인프라스트럭처를 수용해야 한다는 점을 단 한 순간도 의심한 적이 없었다. 책표지에는 "그는 방대한 정유시설, 원자로, 발전소, 전기시설망(electricity grid)의 건설이라는 긴요한 조건을 수용했다"는 구절이 쓰여 있다.

댐

조경가는 새로운 댐과 저수지의 영향을 완화하는 일에도 의뢰를 받았다. 실비아 크로는 표면적 기준으로 영국 잉글랜드에서 가장 큰 인공 호수인 러틀랜드호(Rutland Water)를 설계했다. 이 호수는 1976년 개장해 인구가 밀집한 이스트 미들랜드(East Midlands) 지역에 식수를 공급했다. 그는 부속 건물의 배치에 대해 조언하고, '저수위 저하'의 미적 문제와 갈수기 때 부자연스러워 보이는 수변이 드러나는 문제 등에 대처하는 구체적인 제안을 하며 저수지가 완만하게 경사진 경관에 어울리도록 힘썼다. 프레더릭 기버드는 노섬벌랜드주에 있는 킬더호(Kielder Water)의 경관 자문위원이었는데, 1982년에 개장한 이곳은 용적 면에서는 러틀랜드호보다 큰 거대한 저수지였다. 이곳은 클래블랜드주에 있는 제철과 석유화학 산업의 확장을 예상하고 건설되었지만 이 계획은 실현되지 못했다. 하지만 이를 통해 잉글랜드 북부지역이 물 부족으로 고통받지 않게 되었으며, 오늘날에는 풍경과 레크리에이션 분야의 자산으로도 높이 평가받는다. 노스 타인(North Tyne) 계곡의 범람을 우려한 지역 주민들의 반대가 컸는데, 프레더릭 기버드는 이를 통해 댐의 모양, 보조 구조물에 사용되는 자재, 심지어는 토목공사가 완성된 곳에 파종하는 잔디의 종자 등을 결정하는 부분에서 보다 큰 영향력을 행사할 수 있었을 것이다.

숲

킬더호는 영국에서 가장 넓은 식재림으로 둘러싸여 있다. 이곳은 산림위원회(Forestry Commission)가 중요 금벌림(strategic timber reserve) 조성사업의 일환으로 1920년대에 조성했다. 이러한 외골수적인 목표에는 미적이거나 생태학적인 고려가 없었고, 이 일을 주관한 위원회 위원들은 이 땅의 휴양적 가치 발전을 고려하지 않았다. 이들은 흔히 외래종 침엽수인 미국 가문비나무를 빽빽하게 줄지어 심었고, 이것은 영역의 경계까지 죽 이어져 종종 지도 위에서 직선을 만들었다. 위원회가 1930년대에 레이크 디스트릭트에서 이와 비슷한 일을 시도했을 때 격한 반대에 부딪쳤지만 산림위원회는 1963년이 되어서야 비로소 식재 계획을 위해 조경가를 고용하기 시작했다. 그들이 고용한 최초의 자문위원인 실비아 크로는 자연 요소를 이용해 경계를 암시하는 방식으로 식재 구역과 벌목 및 지형이 조화를 이루는 설계가 가능함을 보여주었다. 1968년의 농촌지역법(Countryside Act)은 산림위원회가 '자연의 아름다움과 농촌 어메니티[19] 보존의 타당성을 고려하도록' 했다. 이에 따라 산림 관리자는 그들의 숲이 단순히 목재를 키우는 저장소가 아니라 방문자들에게 매력적이고 그들을 환영하는 장소이며, 훨씬 더 다양한 종으로 구성해 야생 생태계의 다양성을 유지할 수 있도록 해야 했다.

도로

중요한 인프라스트럭처 제안은 대체로 반대에 부딪히곤 한다. 개발을 최우선시하는 중앙정부와 기존 경관의 가치를 지키고자 하는 지역사회와 지역단체 사이에 때로는 갈등이 생긴다. 조경가는 종종 이러한 전쟁의 한가운데 서 있게 되는데, 대개는 장소의 지배적인 특성에 해를 끼치지 않을 완화안을 제시한다. 대부분의 경우 조경가는 기술 지향적인 아웃사이더로 남지만 최근 수십 년 동안 지역공동체와의 교류가 훨씬 더 강조되었다. 조경가가 작업하는 모든 인프라스트럭처의 범주 중에서 도로건설이 가장 강한 감정을 불러일으킬 것이다. 브렌다 콜빈은 이 분야에서 일한 영국 최초의 조경가 중 한 사람으로 1955년부터 간선도로 경관처리자문위원회(Advisory Committee on the Landscape Treatment of Trunk Roads)에서 활동했다. 그는 『땅과 경관』에서 미국의 '맞춤형 고속도로(fitted highway)' 개념을 장려했는데, 이는 폭파로 땅을 파헤치거나 완전히 새로 올려 둑을 만드는 대신 기존의 곡선과 조화를 이루는 도로를 말한다. 브렌다 콜빈은 경치 좋은 파크웨이(parkway)라는 미국의 개념에 영향을 받았는데, 이곳은 고속도로의 '가시권역(viewshed)'[20] 안에 있어 도로에서 주변 지역을 볼 수 있었다. 이러한 영역의 경관은 미적·환경적인 이유로 보호받았는데, 이것이 20세기 초에 만들어졌다는 것을 감안하면 매우 정교한 개념이다. 또한 브렌다 콜빈은 잘 설계된 도로가 경관을 개선할 수 있다고 생각했으며, 적절한 자극으로 긴장을 늦추지 않아야 하는 운전자의 경험도 고려했다. 그는 나뭇가지 사이로 쏟아지는 햇빛이 불유쾌하게 깜박거리는 효과를 낼 수 있으므로 고속도로에 너무 가깝게 나무를 심는 것에 반대했다. 오늘날에도 여전히 영국의 전략적인 도로 네트워크를 관리하는 고속도로청(Highways Agency)은 새로운 도로의 평가와 기존 도로 개선에서 조경 전문가의 자문을 받고 있다. 그 목적은 여전히 도로가 주변 환경에 어울리도록 하고, 지형과 식재로 지역의 경관 특성에 미치는 부정적인 효과를 줄이는 것이다.

미학과 윤리

물론 당신이 미학적이거나 환경적인 이유로 도로 건설에 강한 거부감을 가지고 있다면 조경가가 잘 준비한 어떤 계획도 당신의 마음을 바꿀 수는 없을 것이다. 마찬가지로 원자로 건물 주변의 토목공사가 아무리 잘 고안되어 배치되었어도 원전 반대 시위자들은 플래카드를 찢지 않을 것이다. 조경가 개개인은 군용 비행장이나 고속도로를 위한 제안 작업에 초빙되면 양심의 가책을 느낄 것이다. 도로 건설에 반대하는 어떤 교수는 조경가를 '분뇨 처리업자'라고 불렀는데, 그 이유는 다른 사람들이 벌여놓은 난장판을 치우는 일에 관여하기 때문이다. 조경가는 종종 비평가들에게 논쟁이 되는 제안은 어쨌든 진행될 것이고, 설계가의 이익을 위해 그렇게 하는 것이 더 낫다는 점을 지적한다. 이러한 주장의 약점은 극단적인 사례에서 쉽게 드러나는데 집단수용소를 생각해보자. 아무리 미학적이거나 생태학적으로 일을 처리한다 하더라도 그렇게 도덕적으로 끔찍한 곳을 받아들일 수 있게 만들 수는 없다. 그런데 이것은 그렇게 얼토당토않은 예가 아니다. 앞에서 언급했듯이 많은 독일 조경가들이 제3제국을 지지했다. 그중 빌헬름 휘보터(Wilhelm Hübotter)는 하인리히 힘러(Heinrich Himmler)[21]를 위해 독일인들의 기념물인 작센족의 숲(the Grove of the Saxons)을 설계했는데[22], 이곳은 이후 나치스친위대(SS)의 숭배 장소가 되었다. 전쟁이 끝난 후 그는 승자들의 환심을 사는 데 성공해 니더작센주에 있는 베르겐-벨젠 강제수용소 부지에 하인리히 힘러에게 희생당한 이들을 기리는 기념비 설계 주문을 의뢰받았다. 히틀러의 새로운 고속도로(Autobahnen)가 조화를 이루는 데 기여한 몇몇 조경가들은 폴란드의 경관을 독일화하는 과감한 계획을 준비하기도 했다. 가끔은 조경가들이 언제나 천사의 편에 있지는 않다는 사실을 기억하는 것도 도움이 된다.

인프라스트럭처를 감추거나 위장하는 것이 정직하지 못한 일은 아닌가 하는 질문을 할 수도 있다. 이것은 캘리포니아의 조경가 로버트 세이어(Robert Thayer)의 『회색 세상, 초록 마음: 기술, 자연, 지속가능한 경관*Gray World, Green Heart: Technology, Nature and the Sustainable Landscape*』[23]에서 제기되었다. 로버트 세이어는 우리가 현재의 기술문명을 부끄러워하기 때문에 이를 그저 감추고자 한다고 주장했다. 그래서 우리는 파이프와 송전선을 땅에 묻고, 노천광산을 감추고, 공장을 위장하려고 한다. 환경적으로 지속가능한 자랑스러운 기술이 있다면 우리는 이를 드러내고자 한다는 것이 그의 주장이다. 오늘날의 기술문명에 대한 공포(technophobia)는 행복한 기술문명에 대한 사랑(technophilia)으로 대체될 것이다. 이것은 흥미로운 주장이며, 명확히 조경만으로는 이룰 수 없는 보다 광범위한 문화적 변화를 수반한다. 이러한 변화의 증거는 지금까지는 드문드문 드러난다. 한쪽에는 퇴비와 습지 조성에 대한 누구나 수용하는 안이한 열광이 있고, 다른 한쪽에서는 풍력발전소 부지에 대한 격렬한 논쟁이 벌어지고 있다. 아직 가야 할 길이 먼 듯하다.

제 5 장

환경 분야

낭만주의자와 초월주의자

오늘날의 환경주의(environmentalism)의 뿌리는 산업화되어가는 세계를 등지고 자연 속에서 위안과 의미를 찾고자 한 낭만주의자들로 거슬러올라갈 수 있다. 시인 윌리엄 워즈워스(William Wordsworth, 1770~1850)는 자신과 친구들의 정원을 설계했으며, 실제로 그의 『호수 안내서*Guide to the Lakes*』에는 레이크 디스트릭트의 문화경관을 보존하자는 호소가 숨겨져 있었다. 이러한 점에서 그도 조경가였다고 주장할 수 있다. 물론 이 직업명은 그가 살던 시기에는 아직 존재하지 않았다. 윌리엄 워즈워스는 픽처레스크 관광이 초래한 문제를 가장 먼저 인식한 사람 중 한 사람이었다. 그는 고향인 레이크 디스트릭트의 아름다움과 호젓함을 예찬했는데, 이곳이 유명해지자 맨체스터나 리버풀처럼 이제 막 발전하기 시작한 공업도시에서 이주한 기업가와 상인 같은 부유한 사람들이 그곳에 큰 집을 짓고, 그들이 처음에 왔을 때 매력을 느꼈던 바로 그 가치를 파괴하는 행위를 막을 수 있는 방법이 별로 없었다. 예술가이자 비평가인 존 러스킨(John Ruskin, 1819~1900)도 레이크 디스트릭트에 집을 한 채 소유하고 있었는데, 이 지역을 통과하는 철도를 건설한다는 계획에 머지않아 '그래스미어호(Grasmere)[24] 주변에 술집과 스키틀[25] 게임장'이 생길 것을 염려하며 격분했다. 1884년 존 러스킨은 런던 인스티튜션(London Institution)에서 열정적인 강연을 했는데, 코니스턴(Coniston)에 있는 그의 집에서 관찰한 결과 당시 세계에서 가장 공업화된 도시인 맨체스터에서 발생한 '역병의 바람(plague wind)'과 '먹구름'이라는 새로운 기상현상을 포착했다고 주장했다.[26] 존 러스킨의 정신 건강은 점차 악화되었지만 그의 기상학과 종말론적 예언의 기묘한 혼합은 대기오염, 지구온난화, 기후변화, 기상이변과 같은 오늘날 우리가 겪고 있는 재난을 예고한 것은 아닐까.

낭만주의자들은 랠프 월도 에머슨(Ralph Waldo Emerson)과 헨리 데이비드 소로(Henry David Thoreau)를 포함한 미국의 초월주의자들에게 영향을 미쳤고, 그들의 글은 미국의 초기 환경보호운동을 육성했다. 초월주의자들은 점점 더 기술이 발전하고 도시화되어가는 사회를 전원적으로 만들고자 했다. 또한 그들은 장엄한 경관을 비롯한 자연의 경이는 신성하며, 존경과 경외의 마음으로 대해야 한다고 믿었다. 프레더릭 로 옴스테드는 에머슨과 소로의 책을 읽고 영향을 많이 받았는데 논평가 랜스 뉴먼(Lance Newman)은 그를 '초월주의자 엔지니어'라고 묘사할 정도였다. 프레더릭 로 옴스테드는 초월주의 사상을 실천에 옮긴 사람이었다. 그는 도시 안에 목가적인 공원을 조성하는 것 이외에도 자연주의자 존 뮤어(John Muir, 1838~1914)와 함께 캘리포니아주의 요세미티 밸리(Yosemite Valley)와 미국 삼나무가 우거진 마리포사 그로브(Mariposa Grove)를 보호하는 작업을 했다. 환경주의의 요소는 프레더릭 로 옴스테드를 통해 조경이 시작되던 때부터 반영되었다.

환경주의

1960년대 등장한 광범위한 철학적·사회적·정치적 운동을 '환경주의'라고 한다면, 프레더릭 로 옴스테드는 초기의 환경주의자(proto-environmentalist) 혹은 환경활동가(conservationist)로 묘사하는 것이 더 나을 것이다. 또다른 초기의 환경 선도자로는 덴마크 출신의 조경가 옌스 옌센(Jens

Jensen, 1860~1951)이 있는데, 그는 독립 컨설턴트가 되기 전 시카고에 정착해 도시공원 부서에서 일했다. 그는 시카고 도시의 확산을 목격하면서 중서부 경관의 고유한 특징이 사라질 위험에 처했다고 느꼈다. 그는 토착 식물과 재료를 사용하고, 지역 경관을 면밀히 관찰해 형태를 도출하는 자연주의적인 '대초원 양식(Prairie Style)' 정원을 통해 환경이 반영된 설계에 기여했다. 여기에는 종종 그가 '대초원 강(prairie rivers)'이라고 부른 습지대 지형과 사람들이 경관 속에 모일 수 있는 장소인 '카운슬 링(council ring)'[27]이 포함되었다. 1935년 75세이던 옌스 옌센은 위스콘신주 엘리슨 베이(Ellison Bay)에 예술, 생태학, 원예학, 철학을 포괄하는 전인적인 커리큘럼을 교육하는 클리어링(Clearing)을 설립했다.

1949년 중서부 출신의 알도 레오폴드(Aldo Leopold)는 『모래 군(郡)의 열두 달*A Sand Country Almanac*』[28]을 출간했다. 삼림감독관이자 야생동물 관리 전문가인 그는 위스콘신-매디슨대학의 야생동물관리학 교수였다. 그는 인간은 땅에 의무를 지고 있다는 관념을 제시했는데, 이것이 크게 예찬받고 또 종종 논쟁의 대상이 되는 그의 '토지 윤리(Land Ethic)'이다. 그의 표현에 따르면 "생물공동체의 본래 모습과 안정성, 아름다움을 보존하고자 하는 경향이 있을 때 한 사물은 옳다. 그 반대의 경향을 보일 때 그것은 옳지 않다". 하지만 생물학자 레이첼 카슨(Rachel Carson)의 『침묵의 봄*Silent Spring*』[29]의 출간을 통해 환경문제에 대한 대중의 인식을 환기할 수 있었다. 이 책은 농작물의 해충을 방제하기 위해 도입한 화학물질이 그 벌레를 잡아먹는 새를 죽일 수 있음을 보여주었다. 새들이 죽어가고 있기 때문에 봄은 침묵했다.

한때 생물학의 전문적이고 통계적인 한 분야에 속해 있던 '생태학(ecology)'은 곧 세계관 전체를 위한 기치가 되었다. 이것은 자연계의 복잡성과 상호의존성을 인식하고, 알도 레오폴드의 문장을 빌리면 "호모사피엔스의 역할을 토지공동체의 정복자에서 그 속의 평범한 일원이자 시민으로 변화시킨다".

연결성에 대한 교훈은 1968년 아폴로 8호의 승무원들이 우주에서 촬영한 '떠오르는 지구(Earthrise)' 사진으로 잘 전달되었다. 지구는 우주의 빈 공간 안에서 밝은 푸른 대리석처럼 빛났다. 이것은 아름다웠지만 연약해 보였고, 항해하는 우주선처럼 모든 생명유지시스템을 운반해야 했다. 1년 뒤 스코틀랜드 출신으로 펜실베이니아대학에서 교편을 잡고 있던 조경가 이언 맥하그(Ian McHarg, 1920~2001)는 그 분야에서 가장 영향력 있는 책을 출판했다. 책의 제목은 『디자인 위드 네이처*Design with Nature*』[30]로, 조경을 과학적인 기반 위에 두고자 했다. 범람원 위나 움직이는 모래언덕 사이에 집을 짓는 것은 어리석은 일이며, 자연 과정을 거스르는 대신 이와 더불어 설계해야 한다는 것이 그의 주장이었다. 앞으로 살펴보게 되겠지만 환경적으로 지속가능한 설계에 대한 오늘날의 관념 중 많은 부분이 『디자인 위드 네이처』에 근간을 두고 있다. 하지만 이언 맥하그의 생각 자체는 자연을 지배하고 통제하고자 하는 시도에 기반을 둔 접근법보다는 영국 풍경화식 정원 유파처럼 자연과 공감하는 접근법을 강조하는 설계 접근법에서 유래한다. 그의 이론에 우주론적이고 형이상학적인 차원이 담겨 있다는 점에서 독특했지만 지질학, 토양, 기후, 수문학 등의 상세한 조사로 시작하는 경관계획을 위한 단계별 방식으로 핵심을 요약할 수 있다.

환경주의는 인간 산업과 산업 개발이 가한 피해에 대응하기 위해 생겨났다. 1991년 환경과학자 팀 오리어든(Tim O'Riordan)은 '기술 중심적' 환경운동가와 '생태 중심적' 환경운동가를 구분했다. 전자는 기존의 경제적·사회적 방식으로 환경문제를 해결할 수 있다고 생각하는 낙관론자들이었고, 반면 전면적 생태계 보호론자(Deep Ecologist), 가이아주의자(Gaianist), 공동체주의자(Communalist), 적녹(Red-Green)동맹[31] 등을 포함하는 후자는 권력의 재분배와 탈중앙화가 필요하다고 주장했다. 이보다 급진적인 견해는 최근 반자본주의 시위에서 다시 나타났다. 각 조경가의 개인적인 견해가 어떻든 간에 조경가의 일은 전체적으로 보았을 때 관리 운영의 성격에 더욱 가깝다. 자연과 인간의 관계는 계획, 설계, 관리를 통해 개선될 수 있다는 것이지 세상이 먼저 혁명을 필요로 한다는 것은 아니라는 근본적인 믿음이 깔려 있다. 이언 맥하그는 종종 엄격한 생태학적 사상가로 언급되곤 하지만 그 또한 혁명보다는 개혁과 인간과 자연 사이의 궁극적인 순응을 옹호했다. 『디자인 위드 네이처』는 이러한 종류의 작업을 위한 교과서이다.

생물지역주의와 지역적 특성

여러 조경가들이 환경주의와 유사한 생명지역주의 개념을 수용했다. 1970년대 반문화행동가 피터 버그(Peter Berg)가 만들고, 1980년대 언론인 커크패트릭 세일(Kirkpatrick Sale)이 장려한 이 용어는 자연과 조화를 이루어 살고자 하는 환경주의의 포부를 공유하지만 지역을 크게 강조한다. 생물지역(bioregion)은 토양, 동식물, 경관 특성을 포함한 물리적·환경적 특징을 통해 규정된다. 문화적 요소도 중요하지만 생물지역은 정치적 또는 행정적인 경계로 규정되지 않는다. 몇몇 환경론자들에게 인류는 적으로 보일 수 있지만 생물지역론자들은 인간을 생물지역의 거주자로 보고 인간 사회와 장소 사이의 연결을 강화하기 위해 노력한다. 두말할 필요도 없이 이 이데올로기는 모든 곳을 다른 곳과 비슷하게 만들고자 하는 선진자본주의의 세계화 경향을 노골적으로 반대한다. 캘리포니아의 조경가 로버트 세이어는 『라이프플레이스*LifePlace*』에서 생물지역주의가 일상생활에서 어떤 의미가 될 수 있을지를 숙고하고, 지역 규모에서 자연계를 다시 서식하게 하면 어떤 사회적 이득을 얻을 수 있을지를 탐구했다. 그의 책은 일부는 회고록이고, 일부는 생활양식 안내서이다. 이것은 우리가 땅 가까이에 살고, 지역에서 생산된 음식을 먹고, 지역 상황에 맞게 설계된 집에 살면서 우리의 지역 환경과 소통하는 법을 배워야 함을 시사한다.

일반적으로 조경은 항상 지역적 특색을 예찬하고 또 이를 증가시켜왔다. 이것은 특정한 장소에는 **나이아데스**(naiad)[32]나 **드리아데스**(dryad)[33] 같은 고유한 지역 신이 있다는 고전적 전통에서 유래한 '**장소의 혼**(genius loci)을 찾아보라'[34]는 요구에서 비롯되었지만, 사실은 '대상지에 있는 특질에 주의를 기울이라는' 뜻이라고 생각한다. 옌스 옌센이 본 것과 같이 지역의 재료와 토착식물의 사용은 장소의 특질을 존중하는 조화로운 설계로 나아가는 길이다. 네덜란드의 야코뷔스 피터르 테이서(Jakobus Pieter Thijsse)[35]는 인간을 자연에서 멀어지게 하는 기존의 공원 조성을 강하게 비판했다. 그는 사람들이 지역 경관의 풍요로움과 다양성을 인식할 수 있게 하는 새로운 유형의 공원이 필요하다고 주장했다. 그는 모두를 교화시키고 즐겁게 하기 위해 시골의 동식물을 도시로 가지고 옴으로써 이를 실현시킬 수 있다고 주장했다. 그는 블루멘달(Bloemendaal)에 있는 자신의 집에서 선구적인 사례를 구축하는 '교육 정원(instructive garden)'이라는 아이디어를 장려했다. 이후 암스테르담의 교외 주택지인 암스텔베인의 공원 국장인 J. 란드베르(J. Landwehr)는 토종 야생식물이 두드러지게 나타나는 공원을 뜻하는 **헤임파크**(heempark, home park)라는 용어를 사용했다. J. 란드베르는 수변 공원을 조성하고 혁신적인 식물학자를 기념하기 위해 야코뷔스 피터르 테이서 공원(Jacobus Pieter Thijssepark)이라고 명명했는데, 이는 오늘날까지도 가장 널리 알려진 사례이다. 헤임파크는 전 세계 조경가들에게 큰 영향을 미쳤다. 토종 식재에 대한 네덜란드의 아이디어는 맨체스터대학 교수였던 앨런 러프(Alan Ruff)에 의해 영국에 소개되었다. 4장에서 살펴보았듯이 그의 생각은 1970년대와 1980년대 영국의 몇몇 신도시에서 널리 수용되었고, '생태학적 접근'에 적용하는 것이 관례가 되었다. 이것은 많은 점에서 모더니즘과 비슷한데 왜냐하면 식물들은 화려한 꽃이나 빛나는 잎이 아니라 그것들이 생태계에서 하는 역할 때문에 선택되기 때문이다. 그 논거는 토종식물이 풍부하고, 저렴하며, 정착시켜 관리하기에 용이하다는 것이었다. 오리나무, 버드나무, 자작나무, 물푸레나무, 오크 같은 토종 수종을 대량으로 식재해 '구조적 삼림지대(structural woodlands)'를 조성했다. 형식적인 특성은 거의 고려되지 않았다. 실제로 접근법은 거의 반(反)디자인적이었으며, 궁극적으로는 경관 이용자들이 형태를 결정할 것이라는 강한 믿음이 있었다. 식재한 식물들이 자라면서 바람막이 쉼터, 레크리에이션 기회, 야생동물의 다양성 지원, 교육 자원을 포괄하는 식물이 제공하는 혜택은 점점 증가할 것이고, 삼림지대의 관리 비용은 줄어들 것이지만 이는 매끈하게 잘 가꾸어진 삼림지대의 장식적인 식재에서는 말할 수 없는 부분이다. 다양한 종으로 구성된 초지와 습지를 조성하는 방법을 포함해 이 기간 동안 발달한 많은 기술은 곧 조경의 영업 자산(stock-in-trade)이 되었다. 너무 흔해지다보니 명백하게 '생태적인 접근'이라는 개념은 그 뜻의 많은 부분을 잃게 되었다. 하지만 이것은 그린 인프라스트럭처(green infrastructure), 생태계 서비스, 심지어는 랜드스케이프 어버니즘 같은 동시대의 아이디어를 예고하는데 이것에 대해서는 뒤에서 좀더 자세히 다룰 것이다.

경관생태학과 생태계 서비스

그다음으로 나타난 중요한 발전은 1980년대 후반 경관생태학(landscape ecology)의 발생이었다. 경관생태학은 생태학을 경관의 규모에서 이해하는 것이었다. 이것은 패턴과 과정을 강조했고, 매트릭스(matrix), 패치(patch), 코리더(corridor), 모자이크(mosaic) 같은 핵심 개념은 공간적이다. 예를 들어 '패치'는 숲이나 초지, 습지를 나타낼 수 있고, '코리더'는 강둑이나 심지어 고속도로의 가장자리일 수도 있다. 하버드대학의 생태학자 리처드 포먼(Richard Forman)은 『랜드 모자이크: 경관과 지역의 생태학*Land Mosaics: The Ecology of Landscapes and Regions*』에서 "모든 경관에는 혹은 경관의 주요 부분에는 생태적 통합성을 극대화할 수 있는 생태계와 토지 이용의 최적의 공간 배치가 있다"는 가설을 제시했다. 요컨대 계획과 설계는 단순한 미학이나 생활 편의시설의 문제가 아니었다. 경관이 배치되는 방식에 따라 생태학적으로 작동하는 방식이 달라질 수 있다. 간단한 예를 들면 삼림지대를 가로지르는 새로운 주요 고속도로는 숲의 일부분을 고립시킬 수 있으며, 특정 종의 수가 감소할 경우 그 종을 단절된 패치에 다시 서식하게 하는 일은 어려울 것이다. 경관생태학은 인류 개발의 확장을 통한 서식지의 파편화가 나쁜 일이라는 우리의 직관을 뒷받침하는 과학적 해석을 제시한다. 따라서 오늘날 조경가가 개발 프로젝트에 대한 조언을 요청받았을 때 이들의 보고 내용은 미학이나 인간을 위한 제안의 편의성에 국한하지 않고 서식지와 생태계에 나타난 결과도 고려해야 할 것이다. 이들의 설계를 통해 기존 수준의 생태계 연결성을 유지하거나 개선하고자 할 것이다. 다행히도 대형 공원이나 숲이 우거진 강둑, 폐 철로선을 따라 지어진 오솔길과 같은 종다양성을 장려하는 많은 요소들은 인간에게도 매력적이다. 게다가 조경가는 서식지 이동에도 능숙해졌다. 예를 들어 충분히 자란 생울타리를 조심스럽게 캐내어 다른 장소에 옮겨 심을 수 있다. 다양한 종이 있는 초지를 신중하게 준비해놓은 이식 장소로 옮길 수도 있다. 이러한 방식은 부유한 지주 고객들을 위해 잘 자란 나무를 옮겨 심어 보다 만족스러운 풍경을 만들던 랜실롯 '케이퍼빌리티' 브라운과 같은 18세기의 풍경개선가(landscape improver)들이 사용하던 기법을 정교하게 반복하는 것이다. 하지만 이들은 때로는 전치(轉置)된 서식지에서 원래 자리에 남겨졌을 때만큼 잘 자라지 않는다는 이유로 비판을 받기도 한다.

많은 환경철학자들이 자연계에 존재하고자 하는 고유한 권리가 있다고 주장함으로써 자연계를 옹호하려고 했지만 인간의 욕구와 필요에 근거한 주장이 대개는 좀더 설득력이 있어 보인다. 이러한 주장을 '인간 중심적(anthropocentric)'이라고 일컫는다. 여기에는 자연이 많은 미적·정신적 만족감의 근원이라는 논지가 포함된다. 보다 더 절실한 것은 자연의 복잡한 망과 광범위한 생명체의 수많은 기여가 없다면 인간의 삶 자체가 지속될 수 없다는 생각일 것이다. 이 주장에 대한 적확한 표현은 생태계 서비스의 개념에서 찾을 수 있다. 많은 점에서 이것은 적어도 플라톤이 『크리티아스*Critias*』[36]에서 삼림 벌채와 토양 유실의 위험성을 경고하던 시기부터 이해되었다. 그러나 이것은 전 세계 1,300명이 넘는 과학자들이 4년 동안 연구해 2005년 발행한 유엔 밀레니엄 생태계 평가(United Nations Millennium Ecosystem Assessment)에서 오늘날의 표현법으로 나타났다. 생태계가 제공하는 서비스의 많은 부분이 공짜처럼 보인다는 것이 문제였다. 여기에 금전적 가치를 부여해 경제적 계산을 반영할 수 있게 했다. 일부 환경보호주의자들은 이 신자유주의적인 사고방식을 꺼리지만 이 분야의 시장도 생길 수 있다. 예를 들어 뉴욕시는 캐츠킬과 델라웨어의 집수장에 수도 서비스 비용을 지불하고 있는데, 이것은 수질 정화 시설을 건설하고 운영하는 비용에 비해 저렴하다고 여겨진다. 이 서비스는 벌을 이용한 농작물의 수분부터 식량과 의약품 공급, 탄소 격리, 물과 공기 정화, 쓰레기 분해에 이르기까지 매우 광범위할 뿐만 아니라 휴식을 위한 장소, 여가, 정신 고양 등 비물질적인 혜택도 제공한다.

생태계 서비스 개념은 조경가와 조경계획가에게는 잠재적으로 매우 중요하다. 대부분의 역사에서 조경은 그 분야가 주로 취미 및 미학과 관련되고, 따라서 불필요하거나 피상적이라는 개념—물론 엘리트 고객을 위한 풍경화식 정원술이라는 기원에서 비롯되었다—에서 탈피하기 위해 노력해왔다. 당연하게도 조경가들은 이러한 생각을 해본 적이 없다. 실제로 이것은 천직으로 여기는 수많은 열정적인 이들을 위한 것이지만 한 분야의 중요성과 중심적 역할에 대한 메시지는 종종 전달하기 어렵다. 하지만 생태계가 서비스를 제공하고 이러한 서비스가 놀라운 가치로 평가될 수 있다면 그 토대는 탄탄해질 것이고, 이러한 생태계가 우리가 살고 있는 경관 속에 내재되어 있다는 것이 명백해진다면 조경가들의 서비스는 그 어느 때보다 수요가 많아질 것이다.

재생 디자인

경관이 우리를 위해 무언가를 할 수 있다는 생각은 '재생 디자인(Regenerative Design)' 개념에서 포착되었다. 이것은 포모나 캘리포니아주립폴리테크닉대학의 조경학 교수였던 존 틸먼 라일(John Tillman Lyle, 1934~1998)이 발전시킨 개념이다. 존 틸먼 라일은 『지속가능한 성장을 위한 재생 디자인

Regenerative Design for Sustainable Development』의 저자이자 포모나의 재생연구센터(Center for Regenerative Studies)의 대표 건축가였는데, 그곳에서는 교수진과 대학원생의 공동체가 식량과 에너지를 생산하고 쓰레기를 처리해 환경의 질을 저하시키지 않고도 사용 가능한 자원의 한계 속에서 살 수 있음을 보여주는 공동체를 발전시켰다. 존 틸먼 라일은 두 가지 생활 방식을 구분했는데, 그는 그것을 '퇴보(degenerative)'와 '재생(regenerative)'이라고 불렀다. 퇴보하는 생활은 제한된 자원을 모두 소비하고 대기, 호수, 강, 바다와 같은 자연적인 '흡수원(sink)을 유해한 폐기물로 채우는 것이다. 이는 단선적 과정, 디스토피아적 미래로 나아가는 '일방통행 처리 시스템'이다. 반면 재생하는 생활은 재순환 형태를 통한 에너지와 재료의 지속적인 대체를 허용한다. 존 틸먼 라일은 재생 시스템을 통합하기 위해 경관을 어떻게 수정할 수 있는지 방법을 보여준다. 대수층 위에 침투형 저류지(infiltration basin)를 지어 재충전을 도울 수 있다. 입사복사(入射輻射)가 강한 곳에 태양열 집열기를 배치할 수 있다. 세탁, 설거지, 목욕 등에서 나오는 중수도 용수는 농작물에 관개할 때 다시 사용할 수 있다. 존 틸먼 라일의 책에는 제안들이 가득한데, (그에 따르면) 이러한 '신기술(neotechnologies)' 중 많은 것들이 포모나에서 실제로 실행되었다.

존 틸먼 라일이 수합한 기술 중 많은 것들이 오늘날 주류 조경계의 실무에서 활용되고 있다. 좋은 예로는 물 민감형 도시설계(Water Sensitive Urban Design, WSUD)라고도 불리는 지속가능한 배수 시스템(Sustainable Drainage Systems, SuDS)이 있다. 전통적인 배수 시스템에서 물은 파이프와 하수관을 통해 먼 곳으로 보내졌다. 많은 오래된 도시 시스템에서 하수와 빗물은 같은 도관을 사용했고, 용량을 초과할 경우 불쾌한 결과를 초래해 맨홀 뚜껑이 날아가고 거리에는 배설물이 분수처럼 뿜어져 나오는 재미있는 사건이 일어나곤 했다. 지구온난화로 기후 패턴에 혼란이 생기고, 폭우와 대규모 홍수로 인한 피해가 점점 더 흔해졌다. 지속가능한 배수시스템은 식생수로와 식생 여과대(filter strips)를 이용해 지표수의 속도를 늦추고, 그러는 동안 투과성 표층과 배수 구멍, 자갈배수로, 침투형 저류지와 같은 침투장치는 물이 땅으로 스며들어 홍수의 위험을 줄이는 데 도움이 된다〔도판 6〕. 파이프를 통해 물을 다른 곳으로 이동시키기보다 그 장소에서 가능한 한 멀리 배치하는 것이 기본 원리이다. 이것은 많은 재생기술의 특징이며, 규모는 작으나 광범위하게 분포되어 있다. 20세기의 조경가가 도전한 미적 문제가 상대적으로 적은 수의 거대한 댐과 대규모 발전소를 수용할 수 있는 공간을 제공하는 것이었다면, 오늘날의 과제는 수십만 개의 풍력 터빈과 태양 전지판

6. 콜로라도주 두랑고(Durango)에 위치한 골프장은 2007년 미조경가협회(American Society of Landscape Architects)의 최고상(Honor Award)을 수상했다. 이곳에서는 물이 기존의 습지와 개울로 흘러가기 전에 건설된 습지와 풀이 우거진 습지 체계(hierarchy)로 모여 정화된다.

을 어떻게 배치하느냐이다.

이 장에서 살펴본 많은 아이디어, 특히 경관생태학, 재생디자인, 생태계 시스템을 한곳에 모은 개념이 '그린 인프라스트럭처 계획(green infrastructure planning)'이다. 이것에 대한 논의는 보다 일반적인 경관계획을 다룬 뒤의 장으로 미뤄야 하지만 본질적인 개념은 녹지 공간 네트워크가 준자연적이든, 설계된 곳이든 상관없이 도로 네트워크나 하수 시스템, 전기시설망이 제공하는 것과 비슷한 혜택을 제공한다는 것이다. (광범위한 유형에서 몇 가지 사례를 들면) 공공 공원, 옥상녹화, 마을 공터(village green), 운하 강둑, 공동체 정원, 텃밭은 모두 그린 인프라스트럭처의 구성 요소로 간주될 수 있다. 그리고 종종 조경가들이 바로 이런 종류의 장소에 관여하기 때문에 그린 인프라스트럭처가 오늘날 조경학에서 관심 있는 분야 중 하나가 된 것도 놀랍지 않을 것이다.

제 6 장

예술의 장소

예술인가, 과학인가?

나는 수년 동안 전문 자격증과 연계된 조경학 석사 과정의 학생들을 선발하는 일을 담당했었다. 이로써 누가 좋은 조경가가 될 것인지 혹은 이전에 성취한 바를 통해 그 학생의 잠재력을 예측하는 일이 매우 어렵다는 것을 배울 수 있었다. 나는 장소에 대한 흥미와 그 학생이 공간적으로 사고할 수 있음을 나타내는 지표를 찾아보았다. 그들이 스케치 능력을 제시할 수 있으면 분명 도움이 되었다. 그 외에 학부 전공이나 성적은 그의 성과를 그다지 알려주지 않는다. 우리는 많은 지리학자, 여러 건축가, 수많은 식물학자, 생태학자, 환경과학자, 원예학자 그리고 소수의 예술가를 모집했다. 한 흥미로운 부류는 학창 시절 예술을 즐겼지만 강의 시간표 때문에 이를 포기해야만 했던 과학 전공 학생들로 구성되었다. 이들은 종종 뛰어난 학생임을 증명했으며, 조경은 이들에게 능력을 발휘할 수 있는 완벽한 수단이 되었다. 조경학과의 학과목은 대개 이들이 고등학교에서는 들어본 적이 없는 것이었다.

영국의 학교 시스템과 아마도 세계 대부분의 교육 구조는 일반적으로 학생들에게 예술과 과학 사이의 달갑지 않은 선택, 종종 그들의 인생 전체를 형성하는 선택을 하도록 강요한다. 생물학, 물리학, 지리학과 같은 '어려운' 과학을 공부하는 동시에 회화나 사진, 그래픽디자인 수업을 병행하는 학생들을 발견하는 것은 드문 일이다. 조경의 가장 매력적인 점 중 하나는 이러한 초학제성(transdisciplinarity)을 미덕으로 본다는 것이다. 조경 실무자 중 몇몇은 정말로 박식하고, 대부분은 적어도 존 컨스터블(John Constable)이나 폴 세잔(Paul Cézanne)의 회화에서 의미를 찾아볼 수 있는 것처럼 생태학자의 보고서를 이해할 수 있을 정도로 다방면의 지식을 갖춘 이들이다. 사회적·정치적 의식 또한 중요하며, 조경학과의 커리큘럼에서 다루어져야 한다. 하지만 조경이 관용적인 조직이라고 해서 각각의 조경가들에게 성향이나 편견이 없다는 말은 아니다. '조경은 예술인가, 과학인가?'라는 오래된 진부한 질문이 수많은 세미나에서 제기되었지만 여전히 의견이 분분하다. 이언 맥하그처럼 조경을 응용생태학으로 보는 것을 선호하는 사람도 있고, 이와 반대로 조경을 예술의 한 형태로 보고 설계된 경관을 의미의 전달자로 간주하며, 경관을 의미의 매체로 보는 사람도 있다.

물론 '예술'이라는 단어를 정의하기는 어렵다. 가장 넓은 의미로 보면 이것은 '기술'이나 '기교'와 같은 뜻일 수 있다. 프레더릭 로 옴스테드는 버컨헤드 공원을 방문한 뒤 "예술을 사용해 자연으로부터 크나큰 아름다움을 얻어냈다"라고 이 단어를 종종 이같이 사용했다. 하지만 그는 엔지니어의 과학이 "인간의 아름다움에 대한 욕망을 충족시키기 위해 만들어졌을 때, 단순한 기술이 아니라 예술을 수행할 때보다 더 가치 있게 쓰인 적은 없다"라고도 말했다. 이것은 흥미로운 주장인데, 프레더릭 로 옴스테드가 단지 공학과 과학을 예술에 이용했기 때문만이 아니라 예술이 단순한 기술의 문제 그 이상이고 아름다움과 관련이 있다고 분명히 이야기했기 때문이다. 그는 풍경화식 조원술이 회화와 시의 자매예술(sister arts)이던 18세기 영국 미학의 개념에 크게 영향을 받았다. 우리는 종종 경관을 아름답다고 묘사하지만 순수예술과 아름다움을 연관 지을 때 프레더릭 로 옴스테드를 따르는 일은 시대착오적일 수 있다. 예술비평가 아서 단토(Arthur Danto)가 제시했듯이 모더니스트 아방가르드는 예술의 주요 목적으로서의 미의 추구를 그 자리에서 밀어내고 의미 구현으로 이를 대체했다. 이것은 예술이 아름다울 수 없다거나 아름다움이 우리의 일상생활에서 중요하지 않다는 뜻이 아니며(분명히 중요하다), 조경가가 그것에 관여해서는 안 된다는 말 또한 아니지만 조경이 할 수 있는 예술적 가능성을 생각할 때 이것이 반드시 가장 좋은 출발점은 아니다.

젤리코의 이론

조경의 자격과 미션이 예술의 실천이라고 확고하게 믿었던 제프리 젤리코 또한 이를 알았다. 3장에서 살펴보았듯이 제프리 젤리코는 조경이 순수예술, 특히 (그가 보기에) 회화예술과 밀접하게 연결되었을 때 가장 강력하다고 생각했다. 그에게 조경의 임무는 단순히 사물을 단정하게 배치하거나 시각적으로 엉망인 것들을 없애는 것이 아니라 품위를 추구하는 것에 불과했다. 조경가의 보다 숭고한 사명은 '회화만큼이나 의미 있는' 경관을 창조하는 것이다. 제프리 젤리코는 경관이 의미를 지닐 수 있는 방식에 대한 자신의 이론을 가지고 있었는데 오늘날 이것을 믿는 사람을 찾기는 어렵다. C. G. 융의 분석심리학에 영향을 받은 제프리 젤리코는 현장에서 시간을 보냄으로써 설계가는 모든 인간이 공유하는 일종의 심리적 기층(psychic substrata)인 '집단 무의식'을 이용할 수 있다고 주장했다. 이후의 디자인은 보편적 원형(universal archetypes)을 구현하고, 이것은 경관을 찾는 사람들에게 강력하지만 대체로 무의식적인 영향을 미칠 수 있다. 이 이론은 신비롭고 입증할 수 없지만 대부분의 사람들이 종종 경험한 어떤 한 공간의 존재감이나 분위기가 강하게 느껴지는 것과 잘 어울린다.

대부분의 평론가들은 경관에 의미가 있을 수 있다는 점에 동의하지만 의미가 어느 정도로 '그 안에 설계될' 수 있는지에 대해서는 종종 논쟁의 대상이 된다. 2012년 오바마 대통령으로부터 국가예술훈장을 받았고, 뉴욕시에 위치한 브라이언트 공원(Bryant Park, 1992)과 콜럼버스 서클(Columbus Circle, 2005) 등의 설계로 유명한 조경가 로리 올린(Laurie Olin)은 1988년 '조경에서의 형태, 의미, 표현(Form, Meaning and Expression in Landscape Architecture)'이라는 제목의 글을 썼다. 여기에서 그는 자신의 분야가 '근본주의 생태학(fundamentalist ecology)의 되살아난 언어'의 지배하에 놓였음을 느끼고 분개했다. 의미가 다시 유행하게 되었고, 지도 교수들은 학생들에게 메타포를 탐구하고 콘셉트를 설명할 것을 열렬히 요구했다. 그 결과 캘리포니아대학 버클리 캠퍼스의 조경학과 교수인 마크 트라이브(Marc Treib)처럼 '경관에 의미가 있어야 하는가?(Must Landscapes Mean?)'(1995년 그가 쓴 에세이의 제목이다)라는 의문을 갖게 되었다. 마크 트라이브는 처음부터 의미를 쌓으려는 시도는 종종 역효과를 낳았다며 설계가는 즐거움을 주는 장소를 만드는 데 집중해야 한다고 제안했다. 설계된 공간이 인기를 얻으면 의미는 자연스럽게 생기게 된다.

이사무 노구치와 예술과 디자인 사이의 경계

예술과 디자인은 종종 같은 범주로 분류되지만 이 둘은 다르며, 대부분의 실무자들은 자신이 어느 쪽에 속하는지 알고 있다. 한 조경가는 자신은 예술을 창조하려는 것이 아니라 '좋은 디자인'을 만드는 것이 목표라고 말했다. 마찬가지로 자신의 작품을 공공장소에 설치한 조각가는 의뢰에 따라 작업을 하지 않는데, 그런 것은 '단순한 디자인'일 뿐이라고 말했다. 하지만 일본계 미국인 이사무 노구치(Isamu Noguchi, 1904~1988)처럼 쉽게 유형화할 수 없는 실무자도 있다. 그는 콘스탄틴 브랑쿠시(Constantin Brancusi) 문하에서 조각을 배웠지만 1930년대에 공공장소와 도시 기념물에 대한 제안서를 제출하기 시작했다. 그는 예술가로 알려졌지만 때로는 코네티컷주 블룸필드에 있는 코네티컷 제너럴 라이프 인슈어런스(Connecticut General Life Insurance) 본사 부지(1956)와

파리 유네스코 본부의 평화 정원(Peace Garden, 1956~1958), 텍사스주 휴스턴미술관의 컬런 조각 정원(Cullen Sculpture Garden, 1984~1986) 등과 같은 눈에 띄는 정원 의뢰 덕분에 조경가로도 칭해진다. 이사무 노구치는 일본 전통의 영향을 받은 모더니스트였다. 특히 모두 하얀 대리석으로 만들어진 야트막한 피라미드와 한 점으로 균형을 잡고 있는 정육면체, 서 있는 고리 형태의 조형물이 있고 식물은 전혀 보이지 않는 코네티컷주 뉴헤이븐에 있는 예일대학의 바이니키 희귀본 도서관(Beinecke Rare Book Library, 1960~1964)의 대리석 정원은 료안지(龍安寺)의 유명한 선불교 전통의 가레산스이(枯山水)를 떠올리게 한다. 또한 이사무 노구치는 부드러운 곡선으로 이루어진 어린이 놀이터도 설계했는데, 이곳에 있는 시설들은 조각 갤러리에 설치해도 자연스러워 보일 것이다. 사실 그의 제안을 따랐다면 놀이터는 그 자체가 지면에 바로 놓인 대규모의 부조 조각이 될 뻔했다. 그는 '기능적인' 디자인과 자발적인 예술적 작업 사이의 구분을 허물 수 있었다. 그가 구상한 놀이 경관(playscape)을 만들도록 관계기관을 설득하는 데에는 큰 어려움을 겪었지만, 그의 작업은 두 분야 모두에 영향을 미쳤다. 오직 두 곳의 이사무 노구치 놀이터가 그의 생전에 건설되었다. 한 곳은 1966년 도쿄 인근에 있는 오타니 사치오(大谷幸夫)[37]와 협업한 고도모노쿠니(こどもの国,

어린이 나라)이다.[38] 나머지 한 곳은 프레더릭 로 옴스테드가 설계한 1976년에 문을 열고, 2009년에 복원된 조지아주 애틀랜타에 위치한 피드몬트 공원(Piedmont Park)에 있다.

예술가들은 스스로 정한 목표를 추구하고 스스로 던진 질문에 대한 답을 찾는 반면, 설계가들은 지침서나 필요에 따른 작업에 응하며 설계 과정 내내 최종 이용자를 염두에 둔다고 한다. 이것은 대부분 사실이지만 이사무 노구치의 절충적이고 통합적인 작업은 이러한 구분이 항상 엄격하게 고정된 것은 아님을 보여준다. 예술과 디자인 사이의 경계에는 틈이 많다.

경관과 대지예술

조각의 매체로서 흙에 관심이 많던 이사무 노구치는 10년에서 20년 시대를 앞서갔다. 20세기 후반 조경에 큰 영향을 미친 예술 형태는 제프리 젤리코가 생각했던 것처럼 회화가 아니라 조각, 특히 대지예술(Land Art), 어스 아트(Earth Art) 혹은 어스워크(Earthwork)로 다양하게 알려진 특정한 운동이었다. 이것은 1960년대와 1970년대에 나타났으며, 개념미술과 미니멀리즘에 기원을 두고 있다. 또한 이것은 당시의 갤러리 시스템 내에서의 예술의 상업화에 대한 명확한 반응이었다. 로버트 스미스슨(Robert Smithson, 1938~1973), 마이클 하이저(Michael Heizer, 1944~), 제임스 터렐(James Turrell, 1943~)과 같은 대지예술가들은 작업 장소로 네바다, 뉴멕시코, 애리조나의 사막 같은 외진 장소를 택함으로써 갤러리를 등졌으나 그들의 작업을 지원하는 부유한 후원자나 재단까지 멀리하지는 않았다. 대지예술은 조경과 어떤 특징을 공유한다. 이것은 대개 '장소 특정적(site-specific)', 즉 위치한 장소에서만 만들어질 수 있다는 뜻이다. 조경 작업처럼 대지예술 작업은 그것이 만들어진 장소의 특징 혹은 **게니우스 로키**(genius loci)[39]에 반응한다. 또한 대지예술 작품은 보통 그 장소의 재료로 만들어진다. 조경처럼 대지예술도 대규모로 흙을 옮기는 작업에 관여할 수도 있다. 예를 들어 이 분야에서 가장 널리 알려진 작업 중 하나인 로버트 스미스슨의 〈나선형 방파제Spiral Jetty〉(1970)는 유타주의 그레이트솔트 호숫가에 현무암과 진흙을 이용해 조성되었다. 이것은 길이 460미터, 너비 4.6미터이고 지금은 소금 결정으로 뒤덮여 있다. 마이클 하이저의 〈이중 부정Double Negative〉(1969)은 네바다주의 천연 협곡을 가로지르는 너비 9미터, 깊이 15미터의 참호이다. 일부 대지예술가는 채굴 후의 매립에 관여하기도 했는데, 이것은 조경의 물리적·개념적 영역을 침해하는 것이다. 마이클 하이저는 일리노이주의 버펄로 록(Buffalo Rock)에 일련의 〈봉분

모형Effigy Tumuli〉을 조성해달라는 오타와 실리카 컴퍼니재단(Ottawa Silica Company Foundation)의 의뢰를 받았다. 1985년에 완성된 이 작업은 언덕을 만드는 아메리카 원주민의 전통을 이용했으며, 각각의 언덕은 메기, 소금쟁이, 개구리, 거북이, 뱀 같은 이 지역 고유의 생물을 상징한다. 이와 비슷한 최근의 사례로는 건축가이자 예술가이며 비평가인 찰스 젠크스가 노섬벌랜드주 크램링턴 인근의 노천광이 있던 곳에 조성한 〈노섬벌랜디아Northumberlandia〉 지형 조각(2012)이 있다. 노천광에서의 작업과 관련이 있는 예술가들은 환경을 파괴하는 산업 활동을 돕는 것처럼 보이기 때문에 종종 환경 논란에 휩싸이곤 하는데 이 분야에서 활동하는 조경가들에게도 이따금씩 제기되는 비난이기도 하다.

대지예술이 특별히 자연에 대한 옹호를 시사하지는 않았으나 일부 초기 작업자들은 생태학과 환경에 관심을 보였다. 앨런 손피스트(Alan Sonfist)의 〈시간 경관Time Landscape〉(1965~현재)은 로어맨해튼에 있는 직사각형의 땅으로 이루어져 있는데, 작가는 이곳에다 식민지 시대 이전에 이곳에서 자랐을 법한 종들을 심었다. 이 구역은 발달중인 삼림지대로서 시의 공원 부서에서 관리하며, 한때 이 섬을 뒤덮었던 숲의 살아 있는 기념물로 여겨진다. 뉴턴 해리슨(Newton Harrison)과 헬렌 메이어 해리슨(Helen Mayer Harrison)(종종

'해리슨 부부'로 불린다)은 대개 계획가나 조경가 같은 환경 전문가의 영역으로 보여질 수 있는 분수령 복원, 도시재생, 기후변화에 대한 대응과 같은 대의명분에 관여한 선구적인 환경예술가들이다. 예를 들어 최근의 설치 작업인 〈그린하우스 브리튼 2007-2009Greenhouse Britain 2007-2009〉는 해수면이 상승하면서 사람들이 저지대에서 철수할 수 있는 방법을 제시한다. 대지예술은 지구에 미친 인간 활동의 결과에 대해 윤리적으로 관여하는 생태예술(Ecological Art) 혹은 환경예술(Environmental Art)로 이어졌다. 이러한 작업 중 일부는 서서히 조경 작업으로 바뀌어 예술가와 조경가 사이의 협업도 성공적으로 이루어졌다. 예술가 조디 핀토(Jody Pinto)와 조경가 스티브 마르티노(Steve Martino)가 애리조나주 스코츠데일과 피닉스시 경계에 1992년에 조성한 파파고 공원(Papago Park)이 가장 유명한 사례 중 하나이다. 스티브 마르티노는 미국 남서부의 조경 작업에서 가뭄에 강한 토착식물을 선구적으로 이용했다. 그와 조디 핀토는 위에서 보면 나뭇가지처럼 보이는 집수 구조물을 조성했다. 빗물을 모아 스며들 수 있게 하는 이 디자인은 모양이 독특한 변경주선인장(saguaro cactus)[40]을 포함한 대상지의 식물군 재생에 기여했다.

조경의 아방가르드?

로런스 핼프린, 개릿 에크보, 댄 카일리와 그 동료들에게 미친 건축적 모더니즘의 영향에도 불구하고 철학자 스테파니 로스(Stephanie Ross)는 조경가와 정원설계가는 다른 분야가 포착한 아방가르드의 기회를 놓쳤다고 시사했다. 4분 33초 동안의 침묵으로 구성된 음악 창작인 존 케이지(John Cage)의 〈4분 33초〉나 어떤 순서로도 재조합될 수 있는 글인 윌리엄 버로스(William Burroughs)의 문학적 잘라내기(literary cut-ups)[41]에 버금가는 정원은 어디에 있는가? 매체의 재료와 과정에 대한 내적 성찰이 아방가르드의 특징이다. 스테파니 로스는 정원설계가들이 도전 앞에서 머뭇거렸고, 그로 인해 생겨난 공백에 대지예술가와 그들의 후예들이 발을 디뎠다는 결론을 내렸다. 이에 앞서 아방가르드 정원이 어떤 모습일지를 상상해보았다. 아마도 정원용 호스의 전시로 이루어지지 않았을까? 물론 조경을 설계나 계획으로 생각하는 사람들에게는 아방가르드의 결여가 문제가 되지 않을 것이다.

어쨌든 스테파니 로스의 책 『정원은 무엇을 의미하는가 *What Gardens Mean*』에서 찾아볼 수 있는 그의 말은 대지예술과 조경·정원 설계 사이의 관계를 지나치게 단순화한다. 정원이라고 생각할 수 있는 것의 경계를 뛰어넘는 정원의 사례들이 있는데, 그중 일부는 조경가가 조성한 것이다. 마사 슈워츠는 관습에 얽매이지 않는 재료와 가짜 식물을 프로젝트에 이용해 고정관념을 가진 사람들에게 충격을 주었다. 미술 작업을 하던 마사 슈워츠는 재기 넘치는 베이글 가든(Bagel Garden)(매사추세츠주 보스턴, 1979)에서 새로운 경력을 쌓기 시작했다. 여기에서 그는 셸락을 바른(니스칠을 한) 베이글로 가정집의 파르테르(parterre, 땅에 하는 디자인으로, 대개 회양목으로 생울타리를 두르고 그 안에 색이 있는 흙이나 자갈을 채운다)를 장식해 프랑스 형식주의 정원의 위대한 파르테르를 조롱했다. 이것은 당시 조경계에 균열을 일으킨 결정적인 작업이었다. 마사 슈워츠는 1982년 어머니의 듀플렉스 주택 마당에 조성한 스텔라스 가든(Stella's Garden, 펜실베이니아주 발라신위드)에서 닭장을 만들 때 쓰는 구멍이 육각형인 철망과 그물(netting), 플렉시글라스 조각을 설계에 활용했는데, 정원 가꾸는 기술이 전혀 없어도 관리할 수 있었다. 그는 매사추세츠주 케임브리지에 위치한 화이트헤드 연구소(Whitehead Institute) 옥상에 르네상스식 정원과 일본식 정원을 결합한 스플라이스 가든(Splice Garden, 1986)을 설계했는데 진짜 식물은 하나도 없었다. 전정한 생울타리는 철골 위에 인조 잔디를 덮은 것이고, 가짜 토피어리 덤불은 주변을 둘러싼 초록색 담에서 수평으로 '자란다'. 어떤 조경가들은 이것이 예술일 수는 있겠지만 진정한 조경일까라고 이의를 제기했다.

마사 슈워츠는 이런 작은 작업에서 시작해 주요 도시의 중요한 공공장소 작업을 수주했고 세계 곳곳에서 폭넓게 활동하면서도 자신의 도발적인 날카로움을 잃지 않았다. 마사 슈워츠 파트너스(Martha Schwartz Partners)가 재설계한 영국 맨체스터의 익스체인지 스퀘어(Exchange Square, 1999년 완공)는 이 도시의 유명한 잿빛 하늘과 비를 조롱하는 다섯 그루의 모조 야자나무를 포함시켜 지역 정치가들과 갈등을 빚었다. 이것은 최종 계획에서 바람개비로 대체되었다. 2008년에 완공된 아일랜드 더블린의 그랜드 커낼 스퀘어(Grand Canal Square)를 위한 그의 설계는 스텔라스 가든을 고급화한 것으로 수지(樹脂)와 유리로 만든 붉은 카펫과 밤에 빛을 내는 기울어진 붉은 기둥들로 이루어졌다. 마사 슈워츠의 작업은 종종 시각적으로 눈길을 끌며, 설계 심사위원은 설복시켜도 때로는 보다 협의적인 방식으로 작업하지 않는다는 비판을 듣는다. 프로젝트 포 퍼블릭 스페이스(Project for Public Spaces)[42]가 관리하는 수치의 전당(Hall of Shame) 웹사이트에는 영국 맨체스터의 익스체인지 스퀘어와 뉴욕 시내에 있는 제이컵 자비츠 플라자(Jacob Javits Plaza, 종종 페더럴 플라자(Federal Plaza) 또는 폴리 스퀘어(Foley Square)로 불린다)를 포함한 그의 유명한 프로젝트들이 소개되어 있다. 제이컵 자비츠 플라자를 위한 마사 슈워츠의 설계는 반구형의 녹색 언덕 주변에 녹색 벤치를 고리 모양으로 배치한 것이 특징으로 1997년 미국조경가협회의 최고상을 받았다. 하지만 비평가들은 팝아트적으로 처리된 공간은 주변의 사무실 건물에서 일하는 근로자들을 위한 편안한 공간을 제공하는 데는 실패했다고 보았다. 이 글을 쓰고 있던 무렵 마이클 반 발켄버그 어소시에이츠(Michael Van Valkenburgh Associates)가 이 광장의 구조를 다시 변경하고 있던 점은 의미심장하다. 하지만 마사 슈워츠를 특정해 비판하는 것은 가혹한 일일 것이다. 프로젝트 포 퍼블릭 스페이스는 그들이 보기에 극적인 이미지는 만들어도 활기 넘치는 도시 공간을 조성하지는 못하는 제멋대로인(self-indulgent) 설계를 한 저명한 조경가들도 종종 비판한다. 조경 분야의 **앙팡 테리블**이던 마사 슈워츠는 저명인사(grande dame)가 되었고, 그는 이제 2장에서 언급한 레 불 로즈를 설계한 그가 총애하는 클로드 코르미에와 선동가로서의 역할을 공유한다. 클로드 코르미에는 마사 슈워츠의 불경한 장난기를 함께 즐긴다. 캐나다 온타리오주에 있는 포 시즌스 호텔 프로젝트(2006~2012)는 거대한 케이크 스탠드처럼 보이는 12미터 높이의 대형 주철 분수와 화강암 블록으로 만든 과하게 큰 '도시 카펫(urban carpet)'의 픽셀화된 아라베스크 문양이 특징이다.

공감적 접근

대지예술이 두드러지면 경관에 강요된 것처럼 보일 수도 있다. 그러나 영국의 리처드 롱(Richard Long, 1945~)과 앤디 골즈워디(Andy Goldsworthy, 1956~), 독일의 닐스 우도(Nils-Udo, 1937~) 등이 전형적으로 보여주는 보다 기발한 전통이 있는데, 여기에는 절제되고 공간에 종종 섬세한 개입이 수반된다. 이들의 작업 대부분은 영구성과 기념비성을 피한다. 때로 조경가들은 이러한 작업에 크게 감탄하는데, 이것이 **게니우스 로키** 혹은 장소의 특성에 대한 조경 분야의 관심사를 공유하는 것처럼 보이기 때문이다. 이런 유형에서 보면 영국 리즈 메트로폴리탄대학에서 조경을 가르치는 트루디 엔트위슬(Trudi Entwistle)은 장소 특정적 예술가이기도 하다. 그는 마사 슈워츠와는 반대로 처음에 조경가 훈련을 받았지만 예술가가 되었다. 그는 자신의 작업이 "대지예술, 조각, 디자인의 경계선 어딘가에 있다. 이는 장소 특정적이고 조각적 형태가 인간의 움직임과 빛, 날씨, 자연의 성장과 쇠퇴처럼 변화하는 요소와 상호작용하며 주변 환경에 어떻게 통합되는지를 탐색한다"고 말했다. 그의 작업은 경관과 경쟁하는 것이 아니라 어떤 점에서는 경관을 보완한다. 이것은 우연히 발견되도록 교묘하게 삽입되었다〔도판 7〕. 한국의 부산비엔날레를 위한 〈표류Drift〉(2002)와 프랑스 기세니(Guissény)의 〈방파제Wave

7. 트루디 엔트위슬의 〈애플 하트Apple Heart〉(핀란드 투르쿠, 2008)는 예술가 얀 에리크 안데르손(Jan-Erik Andersson)이 자연의 형태에서 영감을 얻어 조성한 아름다운 주택인 〈라이프 온 어 리프Life on a Leaf〉 부지에 위치해 있다. 이것은 '왕과 성(King and the Castle)'이라는 핀란드의 사랑 이야기에서 영감을 얻었는데 리프 하우스도 이것에서 영감을 얻었다.

Break〉(2007)는 바람을 피하는 장소 같은 일시적인 어포던스 (affordance)[43]를 제공하는 작품이지만 기능성이 주목적은 아니다.

책무가 아니라 가능성으로서의 예술

조경이 예술이 될 수 있는지 묻는다면 우리는 온갖 종류가 뒤섞인 덫에 쉽게 걸려들 수 있다. 우리는 종종 '예술'이라는 단어를 일종의 인간활동을 설명하는 용어로 사용하기보다는 찬탄하는 방식으로 사용한다. 찬탄의 의미에서 보면 나쁜 예술이나 무관심한 예술은 있을 수 없다. (때로는 대문자 'A'로 시작하는) '건축'도 이러한 방식에 익숙해져 단순한 하나의 건물이 아니라 이를 초월한 특정한 범주의 구조물을 표시한다. 건축이 예술(Art)로 간주될 수 있는지 혹은 건축이 제공해야 하는 실용적인 목적이 왠지 방해가 되는지는 논란의 여지가 있다. 어떤 경우든 '조경'은 대개 이러한 평가방식으로 이용되지 않는다. 내 생각에는 이것이 비교적 최근에 생겨난 용어이고, 또 부분적으로는 그 산하에 포괄해야 하는 활동 범위 중 환경영향평가나 시각영향분석처럼 창조성보다는 합리적인 계획이 더 필요한 것이 너무 많기 때문이다. 우리는 "이 공원은 조경이지만, 저 공원은 단지 설계된 경관이다"라고 말하지는 않는다. 하지만 료안지, 빌라 란테, '케이퍼빌리티' 브라운의 정원, 센트럴파크, 도넬 저택을 위한 토머스 처치의 정원 같은 걸작을 포함하는 위대한 작품에는 대부분 동의한다. 이 정도의 작업들은 예술이라고 불릴 자격이 있을까? 나는 그렇다고 답해야 한다고 생각하지만, 조경이 예술작품을 창조하기 위해 동기를 부여해야 한다는 말은 아니다. 마크 트라이브가 옳다면 알레고리와 암시가 있는 포장 디자인은 어떤 경우에도 의미 있는 왕도가 될 수 없을 것이다. 감정을 자극하고 즐거움을 주는 장소를 만드는 것이야말로 우리가 추구해야 하는 보다 확실한 목적일 수도 있다. 실제로 제프리 젤리코와는 달리 단순히 점잖은 것을 추구하는 것만으로도 많은 실무자와 많은 고객은 충분히 만족스러울 수 있을 것이다.

제 7 장

사회 공헌

2008년 마사 슈워츠는 건축가 케빈 매클라우드(Kevin McCloud)가 진행하는 채널 4(Channel 4)[44] 텔레비전 프로그램의 '빅 타운 플랜(Big Town Plan)'에 참여했는데, 이것은 설계가들을 초빙해 잉글랜드 북부의 옛 광산 도시였던 캐슬퍼드를 개선하는 프로그램이다. 마사 슈워츠는 도시 외곽에 위치한 뉴 프라이스턴 마을공동체를 위해 '초록 마을(village green)'을 설계하도록 초빙되었다. 지역 주민과 의견이 일치하지 않았지만 어쨌든 이곳은 그의 계획대로 지어졌다. 이후 〈호티컬처 위크Horticulture Week〉지에 게재된 기사에 따르면 주민들은 미국인이 녹지 한가운데에 배치한 조각상에 그의 작업방식에 대한 자신들의 감정을 담아 '마사의 손가락

(Martha's Finger)'이라는 별명을 붙였다. 이 프로그램에 참여한 또다른 조경가 필 히턴(Phil Heaton)은 잡지에서 "마사 슈워츠는 뛰어난 설계가이지만 좀 프리마돈나 같다. (…) 설계가는 아이디어를 도입하기에 전에 사람들의 말을 들어야 하는데, 마사 슈워츠는 실수했다"고 말했다. 반면에 '위원회 디자인(design by committee)'이라는 문장은 잘못된 결정과 불편한 타협을 연상시키며, 대부분의 조경 실무자들을 불안하게 만든다. 그리되면 경관 **작가**(author)의 눈에는 명확히 보이는 것이 이를 볼 수 없거나 보지 않으려고 하는 이들에 의해 약화될 것이다. 예술적 조경 분야에 속한 이들은 이를 다른 사람들보다 더 예민하게 느끼지만, 이와 반대로 이용자의 바람을 간과하는 경관설계는 나쁜 설계라고 강하게 주장하는 사람도 있다.

경관, 권력, 민주주의

건축평론가 로언 무어(Rowan Moore)는 "건축은 권력과 친밀하다. 여기에는 권위, 돈, 소유권이 필요하다. 건축은 자재, 건설 노동자, 땅, 이웃, 미래의 거주자들에게 권력을 행사하는 일이다"라고 기술했다. 예를 들어 미국 농촌에서 헛간 준공식(이웃 사람들에게 베푸는 파티)과 같은 집단의 힘을 보여주는 사례를 찾을 수 있는데, 나는 이것이 사실이라는 것이 두렵다. 적어도 역사책에 나오는 표준이 되는 설계를 고려한다면 조경에서도 이와 비슷한 말을 할 수 있을 것이다. 파크나 정원을 조성하려면 잉여 재산이 필요했는데, 이것은 대부분의 시간 동안 왕실이나 특권층의 소유였다. 그렇다고 이것이 조경설계가의 삶을 반드시 더 편하게 해주지는 않았지만 이는 다른 문제이다. 앙드레 르 노트르가 루이 14세를 위해 방대한 베르사유 정원을 설계할 때 그는 궁정의 경쟁자들, 시시때때로 바뀌는 절대군주의 생각, 왕의 애첩들의 온갖 참견과 싸워야 했지만 대체로 그는 자신의 고객이 누구이고, 무엇이 그를 즐겁게 할 것인지를 알고 있었다. 그는 다른 사람에 대해 크게 걱정할 필요가 없었다. 베르사유 정원과 같은 설계된 경관은 지배와 통제의 표현이었다. 18세기 영국의 풍경화식 파크의 생김새는 매우 달랐지만 이 또한 부와 권력의 과시인 것은 마찬가지이다. 권력은 토지의 통제를 통해 얻을 수 있었고, 부는 강에 댐을 건설하고 땅의 윤곽을 다시 만드는 데 필요한 노동자와 말을 고용하기 위해 필요했다. 이 파크들은 종종 영국의 자유에 대해 수없이 이야기하던 사람들을 위해 조성되었지만, 이들이 염두에 둔 것은 자의적인 왕권으로부터의 그들 자신의 자유였다. 이들은 대개 평민들 편이 아니었다. 이후 도체스터(Dorchester) 백작이 된 조지프 다머(Joseph

Damer)가 자신의 밀턴 아바스(Milton Abbas) 영지 작업을 위해 '케이퍼빌리티' 브라운을 고용했을 때 주변 마을 사람들을 자신의 대저택에서 반 마일 떨어진 새로 지은 곳으로 이주시키라고 한 일은 악명 높은 일화이다. 한 고집 센 주민이 이주를 거부하자 조지프 다머는 브라운에게 그의 집을 침수시켜 내쫓으라고 명령했다. 대부분의 역사에서 조경설계가들은 고용주의 말에 따라야 했다.

조경의 민주화는 19세기의 공원화운동으로 시작되었다. 이제 고객은 대개 선출된 대표자들의 협의회인 공공 고객이었고, 공원의 이용자는 복잡하리만치 다양한 시민들이다. 개요의 일부는 모든 계층에게 호소하는 공원을 제공하는 것이었지만, 그 이면에는 이러한 사회적 혼합이 사회 내의 긴장을 감소시킬 것이라는 온정주의적인 희망이 있었다. 초기 모더니즘의 혁명적인 열정은 더 먼 곳을 지향했고, 디자인사업의 중심에는 사회적 사명을 두었다. 독일 바우하우스(1919~1933)는 사회주의적 디자인과 생산이라는 이상에 따라 설립되었다. 조립식으로 대량생산된 합리적이고 기능적인 건축물이 모두의 생활 여건을 개선할 수 있다는 유토피아적 발상은 많은 나라에서 채택되었고, 특히 1945년 노동당 정부의 초대 주택장관인 나이 베번(Nye Bevan)[45]은 노동자들에게 그 무엇도 과분하지 않을 것이라고 선언했다. 정치가와 계획가 들은 높게 솟은 아파트 블록을 신뢰했지만 그 꿈은 곧 사그라들었고, 영국의 많은 고층 건물은 3장에서 언급한 프루이트아이고와 같은 운명을 맞이했다. 하지만 랠프 어스킨(Ralph Erskine)이 뉴캐슬에 설계한 바이커 월(Byker Wall, 1969~1981) 같은 중요한 성공작도 있는데, 이곳에서는 방향과 지형에 대한 관심을 통해 장소성(sense of place)을 형성했다. 조경가는 바이커 월이 보호하는 저층 개발지의 공공 구역의 설계와 식재에 관여했고, 특히 설계팀은 이후 새로운 공공지원 주택의 입주민이 될 테라스 하우스에 살던 옛 바이커 주민들과 함께 논의했다.

모더니스트 주택은 높게 지을 필요가 없었다. 영국의 건축가 에릭 라이언스(Eric Lyons)와 제프리 톤젠드(Geoffrey Townshend)는 조경가 아이보 커닝엄(Ivor Cunningham, 1928~2007)과 함께 팀을 이루어 스팬 개발(Span Developments Ltd)을 설립했다. 이 회사는 켄트주, 서리주, 이스트서식스주에 전원도시운동의 이상을 되살리고 건물 전면에 방대한 공동 정원이 있는 현대적인 교외 주택을 건설했다. 스팬의 주택과 바이커의 부지는 모두 북유럽의 감성을 지니고 있으며, 이는 덴마크의 바그스베르드(Bagsværd)의 쇠네르스고르파르켄(Søndersgårdparken)과 같은 스칸디나비아의 주택 프로젝트와 비교하기도 쉽다(1945~1950, 건축가는 포울 에른스트 호프(Povl

Ernst Hoff)와 베네트 빈딩에(Bennet Windinge), 조경가는 악세를 안데르센(Akserl Andersen)이었다). 그곳에는 키가 큰 포플러나무들로 측면을 둘러싼 지역공동체를 위한 널따란 녹지 주위에 저층의 주택들이 모여 있었다. 이 모든 계획에서 설계가는 사교를 장려하는 오픈스페이스를 의식적으로 설계하고자 했다.

공감

조경가의 작업이 사람들을 위한 것이라면(정도의 차이는 있겠지만 그렇지 않은 프로젝트를 생각하기는 어렵다) 공감(empathy)할 수 있는 능력이 필요하다. 그리고 이것은 일종의 상상력, 삶의 경험이나 물리적·정신적 특징이 아무리 다르더라도 다른 사람의 입장에서 생각해보는 능력과 관련이 있다. 자격을 갖추기 위해 오랜 시간 고등교육을 받아야 하고, 또 매우 중산층적인 직업의 특성상 이미 설계가와 이 설계의 혜택을 받는 이들 사이의 생활세계(life-world)에는 중복되는 부분이 별로 없을 것이다. 그러나 대부분의 조경가가 남성인 것은 아니다. 예를 들어 뉴질랜드 조경가협회의 웹사이트는 건축(건설)과 조경 분야의 성비는 대학에서는 균형을 이루며 시작하지만, 등록 건축가 중 겨우 18퍼센트만 여성인 반면 조경에서는 42퍼센트가 여성이라고 한다. 최근 미국에서 출간된 루이즈 A. 모징고(Louise A. Mozingo)와 린다 L. 주(Linda L. Jew)가 편집한 『조경계의 여성: 역사와 실천에 관한 에세이 *Women in Landscape Architecture: Essays on History and Practice*』를 보면 조경의 영역은 여성들에게 가정생활의 대안을 제공했고, 건축, 공학, 과학보다 여성 실무자들에게 더 포용적이었다고 한다. 젠더에 따라 경관을 체험하는 특별한 방식이 있다면 수많은 여성 실무자들은 이것이 설계 실무에 반영되고, 여성적 관심사가 조성된 장소에 반드시 영향을 미치게 해야 한다. 오솔길 주변에 키가 크고 빽빽한 식물을 심지 않고, 조명 밝기를 신중하게 고려하며, 응급상황 시 빠져나갈 수 있는 다른 경로를 포괄하는 등 공원에서의 안전 문제와 범죄에 대한 두려움의 고려가 좋은 예가 될 것이다.

공감은 좋은 것이지만 한계가 있을 수도 있다. 내가 심사위원으로 있던 한 조경학교에서는 해마다 일정 기간 동안 비장애 학생들이 몇 시간 동안 휠체어를 타고 다양한 표면과 높이 차이, 캠퍼스 주변의 경사 램프에 대처하는 법을 이해하는 것이 관례였다. 이와 비슷하게 시각장애가 없는 학생들은 눈가리개를 하고 지팡이를 사용하게 했다. 최근 감각 정원(sensory garden)을 위한 설계가 넘쳐나고 있는데, 아마도 시각장애인을 염두에 두고 있는 듯하다. 하지만 시각과 드로잉을 통한 생각의 교류가 조경업의 중심을 이루고 있기 때문에 실무와 교육을 해온 지난 30년 동안 나는 시각장애가 있는 학생이나 실무자를 만나본 적이 없다. 이런 형태의 차이를 고려하는 일은 공감의 한계를 이해하는 데 도움이 될 것이다. 사람들에게 그들이 원하는 것이 아니라, 그들이 원하거나 필요로 하거나 원해야 한다고 당신이 생각하는 것을 주는 것은 쉽다. 대부분의 설계가들은 가끔 이런 실수를 한다. 타인위어주의 게이츠헤드에 있는 공영주택 단지 근처에 통나무로 매우 정교한 놀이용 요새(play-fort)를 설계하던 때가 기억난다. 그곳은 그림으로 보았을 때도 그리고 실제로 지어졌을 때도 아주 멋졌다. 하지만 그곳의 커튼월은 십대들이 숨어서 본드를 흡입하기에 이상적인 장소가 되었고, 전체를 철거해야 했다. 아무에게도 그들이 무엇을 원하는지 묻지 않은 것이 나의 잘못이었다. 나는 이곳의 상황을 잘못 이해한 전형적인 외부인이었다. 만약 내가 근처에 살았다면 나의 통나무 성이 좋지 않은 아이디어라는 것을 알았을 것이다.

놀이용 요새의 불행한 운명은 사람들을 염두에 둘 뿐만 아니라 실제로 사람들과 함께 설계해야 한다는 점, 즉 협업이나 참여 방식으로 설계해야 함을 잘 보여주는 사례이다. 사람들과 대화하는 것은 다른 방법으로는 얻을 수 없는 지역에 대한 지식, 예를 들어 불만 가득한 십대들의 해가 질 무렵의 습관 같은 것에 접근할 수 있는 방식이다. 지역공동체의 사이가 틀어지거나 소외된 일원까지 함께 설계 과정에 관여하고, 그리하여 공원이 설계되거나 정글짐이 놓였을 때 지역공동체가 이를 먼 곳에 있는 관계 당국이 임의로 놓은 것이 아니라 그들의 것으로 여기게 할 수 있다면 더욱 좋다. 듣기, 제안하기, 설명하기, 협상하기, 조정하기, 중개하기 등을 포함한 이러한 종류의 작업에 필요한 기술은 설계 스튜디오에서는 대부분 가르치지 않는다. 또한 사람들과 인내심을 가지고 작업하는 것은 많은 시간이 걸리는데, 이것은 수많은 회의, 수많은 피드백, 수많은 도면 수정이 포함되는 반복적인 작업이기 때문이다. 주어진 기한 내에 최종 설계안을 작성하는 스튜디오 시스템에서 훈련받은 설계가가 인내심을 가지고 점진적으로 진전시키는 방식으로 전환하는 일은 어려울 수 있다. 하지만 이런 노력을 기울이지 않는다면 많은 설계, 특히 청소년 문제가 심각한 빈곤한 도심 지역에 한 설계와 새로운 시설에 투입한 시간과 비용은 낭비될 수 있다. 공원 벤치나 놀이시설 같은 아이템이 공공 기물 파손에 좀더 잘 견디도록 사양(仕様)을 강화할 수도 있지만 이러한 방어적인 접근법에는 한계가 있다. 주변 환경에 자부심을 갖도록 주민 단체를 격려하는 것이 훨씬 좋은데, 주인의식을 가지고 지역공동체 내의 치안을 자발적으로 유지하도록 이끌 수 있기 때문이다. 그렇다면 주인의식을 조성하는 가장 좋은 방법은 무엇일까?

참여

1969년 셰리 안스타인(Sherry Arnstein)이라는 미국의 계획가가 「시민참여의 사다리A Ladder of Citizen Participation」라는 제목의 논문을 출판했는데 이 논문은 고전이 되었다. 그는 사다리의 가로대처럼 배치될 수 있는 참여(participation)의 단계가 있다고 언급했다. 맨 아래에는 '조작(manipulation)'이 있는데, 이는 실제로는 관료들을 잘 뽑은 지역공동체 대표 몇 명을 위원회에 참여시킴으로써 지역민주주의에 립서비스를 제공하곤 하는 참여의 패러디에 불과하다. 시민을 '교육하고' 설득하는 것은 관료들이지 그 반대가 아니다. 이보다 조금 더 나은 것으로는 '안내(informing)'가 있는데, 관계 당국은 사람들에게 영향을 미칠 수 있는 계획에 대해 이야기하는 예절은 보이나 여기에서도 정보의 흐름은 일방적이다. 분명히 안내는 참여를 위한 필수적인 첫 단계이지만 피드백에 대응하는 메커니즘이 없다면 그 이상은 아니다. '협의(consultation)'는 태도 조사, 주민 회의, 공청회 같은 수단을 통해 시민들의 의견을 구하는 방식이다. 셰리 안스타인은 보다 더 적극적인 참여 방식과 결합되지 않으면 이는 종종 엉터리, 겉치레에 불과할 수 있다고 경고한다. 사다리의 꼭대기에는 관료들과 정책위원회 및 계획위원회의 주민 대표 사이의 진정한 권력 분배에 따른 '파트너십'과, 시민과 공무원 사이의 협상으로 특정한 계획이나 프로그램에서 시민들이 지배적인 의사결정 권한을 얻게 된 '위임권(delegated power)'이 있다. 셰리 안스타인은 사다리의 가장 높은 곳에 '주민 통제(citizen control)'를 배치했는데, 이는 관리와 의사결정의 모든 권한을 지역공동체의 내부자에게 양도하는 것이다. 공적자금이 관련되어 되어 있을 때 권력을 가진 사람들은 시민이 전체를 통제하는 일이 너무 위험하다고 보는데 일리가 있기도 하다. 지역공동체가 예산을 통제하고 현장에서의 복잡한 작업을 관리하는 데 필요한 기술과 능력이 있는지 묻는 것도 당연하다. 따라서 지방자치단체와 지역공동체 그룹 사이의 파트너십 형태로 참여를 탐색하는 것이 보다 일반적이며, 이 모델은 종종 성공을 거둔다.

방식

계획과 설계에 지역공동체를 참여시키는 일에 대한 많은 글이 쓰였으며, 다양한 접근법과 방식(method)도 말 그대로 수백 가지나 된다. 시민들을 관여시키되 권한은 부여하지 않는 설문조사와 공청회 같은 전통적인 방식은 실패했다고 여겨졌고, 이에 대응해 여러 방식이 고안되었다. 이는 브리핑 워크숍, 미래 탐색 행사(future search event)[46], 유도 시각화(guided visualization)처럼 사람들이 원하는 것을 발견하는 기술부터 설계와 의사결정 과정 자체에 시민들을 참여시키는 행사, 활동, 미술 워크숍, 모델 제작, 교구 지도 만들기처럼 주민들의 창조성을 활용하는 것에 이르기까지 다양하다. 셰리 안스타인의 사다리 꼭대기 가로대에는 비영리조직인 지역개발신탁(local development trust)이 있는데, 이는 사회적·환경적·경제적 재건을 추구하기 위해 지역공동체가 조직 및 소유하고 이끌며 대개는 다른 민관, 공공, 자원봉사단체와 함께 활동한다. 지역공동체의 일원(내부자)과 설계가 그리고 생태학자나 엔지니어 같은 전문적 지식과 기술을 갖춘 이들을 한데 모으는 일련의 기술이 조경과 더 관련이 있는 듯하다.

샤레트와 대책위원회 '샤레트(charrette)'라는 용어는 수레나 마차를 뜻하는 프랑스어에서 유래한다. 19세기 파리 에콜 데 보자르(École des Beaux-Arts)의 건축학도들은 마감 직전까지 정신없이 작업하곤 했는데, 마감 때가 되면 이들의 스튜디오로 수레를 밀고 들어갔고 학생들은 스승에게 검사받을 설계안을 이 수레 안에 던져넣어야 했다. 오늘날에는 마감에 맞춰 문제를 해결하거나 계획을 세우기 위해 집중적으로 작업한다는 개념으로 쓰이고, 팀원 간의 집중적인 노력도 암시한다. 샤레트는 보통 며칠 동안 열리는 단기간의 행사로, 참여하는 전문가들이 지역의 이해관계자들(주민뿐 아니라 정치인, 스폰서, 지역 기업가 등)의 이야기를 듣고 그 장소에 대한 집단적인 비전을 발전시키려고 노력한 뒤 마감을 맞추기 위해 미친 듯이 도면을 그리는 일이다. 대책위원회 혹은 설계지원팀은 주요 공장의 폐쇄, 토네이도의 타격, 심각한 홍수 같은 재해에 대응해 이해관계자들과 함께 문제를 해결하기 위해 한 지역에 모인 외부의 실무자로 이루어져 있다는 점에서는 비슷하다. 여섯 명에서 열 명의 다양한 분야의 전문가들이 나흘에서 닷새에 걸쳐 지역공동체와 함께 집중적으로 생산적인 작업을 하는 것이 과정의 핵심이다. 일부 대학의 조경학과는 지역 주민과 함께하는 샤레트와 비슷한 프로그램을 운영하고 있는데, 종종 설계 스튜디오 프로젝트와 연계되어 최종 심사 후에는 지역공동체가 그 결과물을 이용할 수 있다.

워크숍, 디자인 게임, 플래닝 포 리얼®(Planning for Real®) 이들 참여방식은 매우 비슷하다. 사람들이 외부 전문가가 최종적으로 마련한 해결책에 기여하기보다는 스스로 해결책을 만들어나가는 것에 중점을 둔다는 점에서 앞의 것과 구분된다. 이것은 대개 초기 매핑이나 시각화 단계의 일부 형태와 관련이 있다. 따라서 30여 년 전 당시 노팅엄대학의 주민 변화 부서(Neighbourhood Change Unit)의 일원이던 토니 깁슨(Tony Gibson) 박사가 고안하고 상표를 등록한 플래닝 포 리얼®(PFR)에서 지역 주민은 탁상 모형(table-top model)을 제작한다. 이는 도서관이나 교회 마당 같은 지역공동체 내의 여러 장소에서 열리는 사전 홍보 기간에 사용된다. 참가자들은 새로운 공원이나 놀이터, 나무 심기, 주차장 개선, 지역 상점과 같이 자신들이 보고 싶은 변화나 추가 사항을 보여주는 제안 카드를 모형 위에 놓아둔다. 그런 다음 카드를 수합하고 우선순위를 정해 지역공동체를 위한 행동계획을 세우고 실무자들이 후속 조치를 취할 수 있게 한다. 디자인 게임도 비슷하다. 종종 공원계획에 이용되는 버전에서는 지역 주민들이 축구장이나 테니스 코트 같은 시설, 놀이기구, 공원용 가구의 모델을 판지로 작게 만들어 공원 도면 위에 배치한다. 이들 품목은 모두 가격이 이미 책정되었기 때문에 참가자들은 특정 예산으로 무엇을 할 수 있을지 감을 잡을 수 있고, 무엇을 우선적으로 해야 하는지에 대해 논의하고 희망을 가지고 동의할 수 있다.

계획과 설계에 참여방식이 활용된 두 사례를 소개하며 이번 장을 마무리하겠다(박스 1과 2).

박스 1 2004년 조경가 앤드루 래이들로(Andrew Laidlaw)가 완공한 오스트레일리아 멜버른 왕립식물원(Royal Botanic Garden Melbourne)의 이언 포터 재단 어린이 정원(Ian Potter Foundation Children's Garden)

낡은 정원 도구 모양을 한 녹슨 금속 문이 이 마법의 놀이 정원으로 아이들을 초대한다. 이곳은 오스트레일리아의 사업가이자 자선가인 이언 포터 경이 설립한 재단의 지원을 받았다. 대표 디자이너 앤드루 래이들로의 작품에는 식물원과 학교의 정원 놀이터를 다룬 혁신적인 프로젝트가 있다. 2005년 최고 신규 관광지 개발로 빅토리아 관광 대상(Victorian Tourism Awards)을 수상한 이 정원에는 긴 곡선 형태의 살아 있는 터널과 구불구불한 실개천, 비밀의 폐허, 유칼리나무(Eucalyptus pauciflora)와 총생(叢生) 초본*으로 둘러싸인 바위 협곡이 있다〔도판 8〕. 이곳은 방문자 프로그램, 교육, 원예, 예술 분야를 포함한 다양한 분야의 전문가로 구성된 팀에 의해 개발되었는데, 시내와 교외의 미개간지 환경에 위치한 두 초등학교의 어린이들과도 함께 작업했다. 설계팀은 아이들로부터 정원에 대한 아이디어를 모으기 위해 학교를 방문했다. 이후 설계가들은 나선, 터널, 풀이 우거진 언덕 같은 몇몇 주요 요소들을 보여주는 콘셉트 계획을 제시했고, 아이들에게 그들이 가장 원하는 특징들을 그려보게 했다. 또한 아이들을 식물원으로 초대해 식물과 즐겁게 교감하며 놀게 했다. 한 예술가는 아이들과 자유롭게 놀면서 예술작품을 제작하기도 했다. 설계가들은 이러한 활동을 통해 아이들이 활발하고 활기 넘치는 놀이와 공간적 폐쇄감이 있는 곳을 즐긴다는 점을 알게 되었다. 이용방식에 대한 검토를 통해 정원

* 뿌리에서 많은 줄기가 무리지어 자라는 풀.

8. 2004년에 완공된 오스트레일리아 멜버른 왕립식물원에 있는 이언 포터 재단 어린이 정원.

에서의 상호작용 활동이 콘셉트 단계에서 학교를 방문해 아이들을 인터뷰한 것보다 설계가들에게 훨씬 더 도움이 되었다는 점을 알게 되었다. 이 프로젝트는 아이들만을 위한 정원을 개발하기보다 아이들과 함께 정원을 개발하고자 했다는 점에서, 그리고 공간의 창조자-이용자인 아이들에게 활기차고 창의적이며 즐거운 방식을 채택한 점에서 모범적이다. 이 정원은 유명 식물원의 눈에 잘 띄는 장소에 조성되었지만 같은 철학을 학교 놀이터 개선이나 지역공원과 놀이터 조성에도 적용할 수 있다.

박스 2 영국의 그라운드워크

그라운드워크(Groundwork) 자선단체는 영국에서 조경가를 가장 많이 고용한 곳이다. 1982년에 설립된 그라운드워크는 지역 주민과 자원을 동원해 어려움에서 벗어나고자 고군분투하는 지역공동체의 풍경을 개선하는 조직으로, 지역 환경이 행동의 구심점이 된다. 이 아이디어는 석탄, 철, 채석 같은 전통 산업의 쇠퇴로 고전하는 장소에 뿌리를 내렸는데, 이곳에서 지역공동체는 주된 일터의 상실뿐만 아니라 산업이 남긴 황폐한 경관과도 맞서 싸워야 했다. 이 계획은 좋은 설계가 목표였지만 사회적 긴장을 해소하고 훈련, 교육, 업무 경험을 통해 사람들의 삶의 기회를 개선하고, 투자를 유치하고, 지역 경제를 활성화하는 것이기도 했다. 또한 이 단체는 사람들이 전 지구적인 환경 문제에 맞서 지역적으로 활동할 수 있는 방법을 생각할 수 있도록 돕는다. 조경가는 지역공동체 개발 담당자, 민간 사회복지사, 프로젝트 담당자와 함께 작업하고, 개인과 지역공동체 그룹이 창조성을 활용하고 유익한 변화를 가져올 수 있도록 인내심 있고 열정적으로 협력한다. 그라운드워크는 이제 30여 개의 비영리 위탁사업체의 연합이 되었고, 이들 사이에서 매해 수천 건의 프로젝트가 수행된다. 그중에서 하나의 프로젝트나 심지어 지역을 선택하는 것은 부적절해 보이지만 그라운드워크 리즈(Groundwork Leeds)를 통해 그라운드워크가 하는 일이 무엇인지 이해해보자. 이곳에서는 한 해 동안 젊은이들이 스케이트 공원을 재설계 및 보수하는 것을 지원했고, 무성하게 자란 삼림지대를 지역 주민 단체와 함께 관리해 일반인들도 이용할 수 있도록 하는 작업을 수행했으며, 황폐한 놀이터를 자연 요소가 결합된 비정형적인 놀이터로 재설계했고, 도심에 있는 주요 공터인 빅토리아 가든(Victoria Gardens)을 리틀 런던 초등학교(Little London Primary School) 어린이들의 조언에 따라 정비했다. 그라운드워크의 많은 프로젝트는 소규모이고 화려한 디자인 잡지에 게재될 만한 것도 많지 않지만 그러한 것은 그들의 목적이 아니다. 지난 30여 년간 그라운드워크가 수많은 프로젝트를 수행하면서 사람들의 삶에 미친 누적된 영향을 고려해야 한다. 이 접근법은 매우 성공적이어서 미국과 일본에서는 이에 영감을 받은 자매단체 설립의 계기가 되었다.

제 8 장

다시
좋게 만들기

1989년 한 유명한 자동차 반대 운동가가 당시 대부분의 영국 조경가와 학생들이 읽는 전문지에 편지를 보냈다. 그의 목적은 도로계획 작업을 하는 조경가에 대한 불만을 토로하기 위한 것이었지만, 조경을 '분뇨 처리업(Nightsoil Profession)'이라고 묘사하고 다른 사람들이 일을 엉망진창으로 만드는 것을 먼저 막기보다는 이를 치우는 데 특화되었다고 말하면서 전체 업역을 비방했다. 나는 석탄으로 검은빛을 띠는 타인강(Tyne River)에서 그리 멀지 않은 잉글랜드 북동부에서 평생 동안 일하고 살면서 산업이 야기할 수 있는 많은 혼란을 목격했지만 이를 치우는 일은 고귀한 일이라고 생각한다. 환경예술가 미얼 래더맨 유켈리스(Mierle Laderman Ukeles, 1939~)가 뉴욕시 위생국의 상주 예술가로서의 오랜 작업을 시작했을 때 그의 첫 공공 활동 중 하나는 모든 쓰레기 수거인과 악수하고 그들이 사회를 위해 하는 중요한 일에 감사하는 것이었다. 이런 종류의 일은 종종 눈에 띄지 않고 보수도 좋지 않다. 미얼 래더맨 유켈리스는 이를 재평가해야 함을 시사하고 있다. 조경가와 매립 엔지니어도 마땅히 이와 비슷한 감사를 받아야 한다. 작가 J. B. 프리스틀리(J. B. Priestley)가 1933년 당시 경제 불황이 한창이던 잉글랜드의 북동부를 방문했을 때 그는 "나는 이보다 더 정돈이 시급한 나라를 본 적이 없다"라고 서술했다. 오늘날 이곳을 방문한 이는 석탄 폐기물 집하장을 한 곳도 찾아보기 어려울 것이고, 한때 공업지대였던 타인 강둑에는 이제 풀과 나무가 우거져 있다. 조경가들은 종종 세상에는 잘 알려지지 않은 이러한 변화에서 중요한 역할을 수행해왔지만 이것은 단지 지역적인 현상이 아니다. 이들은 전 세계의 후기산업 경관을 위해서도 같은 일을 하고 있다.

메타포 속에 있는 것은?

토지 매립(land reclamation)은 고결한 작업이고, 내가 아는 많은 조경가들은 그들 작업의 이러한 면이 가장 큰 만족감을 준다고 한다. 하지만 그렇다고 해서 비판에서 자유로

울 수는 없다. 공격 중 하나는 이것이 먼지를 카펫 아래에 쓸어넣어 감추는 것과 같은 단순한 겉치레에 불과한 미화 작업이라고 한다. 이것은 더러운 대상지를 다룰 때의 문제 중 하나가 유독물질의 처리이기 때문에 어느 정도는 맞는 말이다. 토양이 오염되었다면 이것을 다른 곳으로 옮기는 것은 말이 안 되는데, 이는 현장에서 처리해야 한다. 만약 독성을 줄이기 위해 할 수 있는 것이 아무것도 없다면 이를 대상지 내의 외진 부분으로 밀어내고 불투수성 진흙을 덮어 감싸고 흙을 뿌린 뒤 그 위에 잔디를 심는 처방을 내린다. 실제로 이것은 형편없는 살림 솜씨를 닮았고, 때로는 '핫스팟'이 되는 대상지 일부에 건물을 짓거나 땅을 팔 수 없다는 것을 의미한다. 그럼에도 불구하고 활용할 수 있는 기술을 고려했을 때 대부분의 경우 이것은 가능한 최선의 해결책이다. 식물환경복원(phytoremediation, 식물을 활용해 유독 성분을 중화하는 방법)과 나노기술의 발달을 통해 대상지 오염을 다루는 효과적이고 영구적인 방법이 나올 수도 있을 것이다. 아이러니하게도 제프리 젤리코가 '품위(seemliness)' 자체를 목표로 추구하던 것을 벗어나던 바로 그 무렵(1961년 런던의 현대미술학회에서 한 연설에 포함된 내용으로, 아마도 그 요지를 설명하는 것인 듯하다)[47] 주요 매립 프로그램이 본격적으로 진행되기 시작했다. 많은 서구권 국가에서의 중공업과 제조업의 쇠퇴로 이러한 주문은 꾸준히 이어졌다. 경제적 혼란기에는 매립 가능한 속도보다 더 빨리 부지들이 버려졌다. 이러한 작업은 필수적이며, 이를 그저 깔끔하게 정리하는 것이나 변변찮은 품위를 추구하는 것으로 폄하하는 것은 부적절해 보인다. 현대 조경은 여러 면에서 단순한 배경 그림(scenographic)과는 반대이다. 다른 메타포를 사용할 수도 있다. 오늘날에는 실천을 좋은 환경 관리와 연결해 버려진 땅(브라운필드)을 '재활용'하는 것에 대해 이야기하는 것은 흔한 일이다. 예를 들어 브라운필드 부지를 주택 건설에 재사용하면 도시 스프롤 현상의 원인이 되는 농지개발의 대안이 될 수 있다. 혹은 조경가와 엔지니어에게 공업이 경관에 가한 상처와 흉터를 치료하기 위해 투입된 외과의사팀의 배역을 맡겨 치유의 언어를 적용할 수도 있다. 시간이 흐르면서 손상된 옛 걸작을 수리하는 미술 복원가의 이미지를 떠올릴 수도 있다. 이것은 복원생태학(restoration ecology)이라고 하는 응용과학을 보는 방법 중 하나로 종종 매립 프로젝트에 도입된다. 그 목적은 공업으로 파괴되기 전에 존재했을 일종의 서식지를 재조성하는 것이다.

박스 3, 4, 5는 이러한 작업의 사례를 보여준다.

박스 3 터닝 더 타이드(Turning the tide): **영국의 더럼 해안**(1997~2003)

150년 동안 더럼(Durham)의 해안가에는 석탄 폐기물이 쌓였다. 석탄산업이 전성기를 누렸을 때는 매년 250만 톤의 폐기물이 배출되었고, 운영 기간 동안 쌓인 폐기물은 4,000만 톤에 달했다. 이 주(州)의 악명 높은 검은 해변은 영화 〈겟 카터Get Carter〉와 〈에이리언 3〉의 황량한 배경이 되었다. 하지만 1993년 이징턴(Easington)에 있는 탄광이 폐쇄되면서 때 묻은 시대는 막을 내렸고, 광산업이 야기한 끔찍한 환경 피해를 해결할 수 있는 방법이 분명해졌다.
1997년 14개 단체와 파트너십을 이루고 1,000만 파운드가 투입된 터닝 더 타이드 프로젝트(Turning the Tide project)는 거의 불가능해 보일 정도로 힘든 과제와의 싸움을 시작했다. 이징턴과 호든(Horden)에 있는 2개의 거대한 폐기물 더미는 그 안에 있는 물질이 파도에 휩쓸려 근처 해변을 오염시키는 것을 방지하기 위해 제거되었다. 기계장치와 콘크리트 타워도 철거되었다. 해변 오솔길은 개선되었고 자전거도로가 만들어졌으며, 새로운 석회암 초지가 절벽 꼭대기와 곶 위에 조성되었다. 목표는 해변이 산업화되기 전에 존재했을 법한 경관의 특성을 재현하는 것이었다. 이 프로젝트는 매우 성공적이어서 2010년 11월 영국 올해의 경관에 선정되었고, 2011년에는 유럽평의회 경관상(Council of Europe Landscape Award) 2위를 차지했다.

박스 4 연방정원박람회(Bundesgartenschau), **정원 축제, 엑스포**

버려진 땅의 복원을 축제의 계기로 인식하는 범주의 행사가 있다. 1951년 독일은 국내 정원박람회의 전통을 부활시켜 이에 앞장

섰다. 연방정원박람회는 2년마다 다른 도시에서 열리는데, 이것은 전쟁으로 피해를 입은 지역을 복구하는 기법이 되었다. 전시장은 연방정원박람회가 끝난 뒤 공원 부지로 바뀌어 남게 된다. 이러한 행사는 하노버에서 처음 열렸으며, 이 글을 쓰던 무렵 2015년에는 하벨(Havel) 지역, 2017년에는 베를린의 옛 템펠호프 비행장, 2019년에는 하일브론(Heilbronn)으로 프로그램이 정해졌다.*

영국 정부는 1984년에서 1992년 사이에 독일의 연방정원박람회의 영국 버전을 시험했다. 최초의 국제 정원 축제는 리버풀의 옛 항만 구역에서 열렸고, 이어 2년 간격으로 스토크온트렌트(Stoke-on-Trent), 글래스고, 게이츠헤드 등지에서 열렸으며, 마지막 축제는 1992년 웨일스의 에부베일(Ebbw Vale)에 위치한 옛 제강소 부지에서 열렸다. 축제의 목적은 단지 공원 부지를 조성하는 것이 아니라 국내 투자를 유치하는 것이었다. 정치적 개입과 목표에 대한 혼란으로 경관설계 과정에서 종종 타협해야 했지만 축제는 수백만 명의 관람객을 유치했으며, 항상 경제 재생은 아니더라도 부양책이 필요한 장소에서의 토지 개간 속도를 가속화했다.

비슷한 패턴이 엑스포와 다른 주요 국제 이벤트에서도 발견된다. 예를 들어 2010년 상하이 엑스포는 황푸강(黃浦江)의 양안에서 열렸는데, 여기에는 과거 제철소와 조선소가 있던 14헥타르의 부지가 포함되었다. 설계는 단순한 정화 이상이었다. 건설된 습지와 생태적 수해방지 대책을 통합한 투런스케이프(Turenscape) 중국 사무소의 디자이너들은 식물들을 활용해 강물의 오염물질을 흡수했고, 이 물은 엑스포 기간 동안 비음용수로 사용되었다.

* 2021년에는 에르푸르트(Erfurt), 2023년에는 만하임(Mannheim)에서 개최되었고, 2025년에는 로스토크(Rostock), 2027년에는 루르(Ruhr) 일대, 2029년에는 라인 계곡 중앙부(Mittelrheintal)로 예정되었다.

박스 5 미국 샌프란시스코 크리시 필드(Crissy Field)(1997~2001)

지금까지 언급된 곳과 다른 점은 이전에 산업용이 아니라 군사용으로 쓰였다는 것이다. 이곳은 1994년에 버려진 647헥타르의 군 건물 단지인 샌프란시스코 프리시디오(Presidio)의 북쪽 해안가에 있는 감조습지에 지어진 비행장이었다. 이곳의 토양과 지하수는 비행 연료, 살충제, 항공기 세척에 사용된 용제로 심각하게 오염되었다.

군부대가 시행한 초기 정화작업은 심각하게 오염된 토양을 파내어 부지 밖에서 소각하고, 프리시디오의 다른 지역에서 가져온 토양으로 이를 대체하는 것이었다. 덜 오염된 토양은 이동식 가마에서 '저온 열 탈착(low temperature thermal desorbtion)'이라고 불리는 공정으로 가열했는데, 이는 유기 오염물질을 추출해 현장에 매장될 수 있을 정도로 남은 흙을 깨끗하게 만드는 것이다.

국립공원관리청은 조경 전문회사 하그리브스 어소시에이츠(Hargreaves Associates)에 장소의 자연적·문화적 역사에 호응하는 설계를 주문했다. 자칫 밋밋했을 대상지에는 바람과 파도의 활동이 만드는 효과를 모방하고 증폭하는 조각적 지형이 조성되었다. 이 설계에는 감조습지의 복원도 포함되었는데, 조류 관찰자들은 이곳에서 이후 135종의 새를 발견했다. 이곳에 있는 해변은 윈드서퍼들에게 인기 있고, 이곳에서는 골든게이트 다리(Golden Gate Bridge)의 멋진 경치를 감상할 수 있다.

제조된 부지

하버드대학 디자인대학원의 니얼 커크우드(Niall Kirkwood) 교수는 토지 매립에 대한 접근을 다룬 책의 제목에서 '제조된 부지(manufactured sites)'라는 용어를 사용했다. 이 제목은 일종의 말장난으로, 그가 책에서 다루고 있는 장소의 종류는 오래된 공업지대에서 발견되었을 뿐만 아니라 그 부지 자체가 산업활동의 부산물로 우연히 제조되었다는 것이다. 이곳의 현재 특성은 과거에 기인한다. 게다가 이곳을 사회에 기여하는 무언가로 바꾸려면 이곳은 다시 만들어져야 한다. 어떤 경우에는 이에 사용되는 재료, 예를 들어 깨끗한 토양은 현장에서 제조되어야 한다. 매립은 일반적으로 두 분야의 전문가가 함께 작업해야 하는 분야이다. 한쪽은 대상지 설계가(조경가, 계획가, 도시설계가)이고, 다른 한쪽은 토목기사와 환경공학자이다. 두번째 그룹에 환경학자와 생태학자를 포함하도록 범위를 넓힐 수 있다. 어떤 전문가도 오염된 브라운필드 부지를 다시 유용하게 쓸 수 있게 하는 것과 관련된 모든 문제를 혼자서 해결할 수는 없다. 조경가는 다방면의 지식을 가진 전문가이자 종합하는 이로서, 이러한 협력작업에서 가장 효과적인 조정자임을 종종 입증해왔다.

이러한 대상지가 직면한 문제는 버거울 수 있다. 유독물질은 가장 골치 아픈 문제이지만 가장 눈에 띄지 않을 수 있다.

중금속, 기름, 화학 잔류물과 같은 오염물질은 육안으로는 보이지 않을 수 있다. 가장 심각하게 오염된 현장의 작업자들은 유독성 물질과 피부가 접촉하는 것을 방지하기 위해 보호복을 착용해야 한다. 때로는 현장에서 가치 있는 재료가 발견되기도 한다. 예를 들어 선탄(選炭, coal-washing) 기술을 활용해 광산 폐기물을 판매 가능한 석탄으로 정제하면 정화 비용을 크게 줄일 수 있다. 오염된 토양을 다루는 기계적인 방법은 생물학적 기술로 보완되고 있다. 많은 양의 물을 흡수하는 일부 심근식물(phreatophytes)[48]은 지하수 오염 처리에 유용하다. 예를 들어 유타주 오그던에 있는 구 가솔린 수송 터미널에서의 연구에서는 포플러나무가 지하수의 흐름을 억제하고 석유 분해를 촉진해 오염물질이 대상지에서 벗어나는 것을 효과적으로 방지할 수 있음을 보여주었다. 과축적식물(hyperaccumulator, 미국에서는 갓(Indian mustard)과 해바라기를 예로 들 수 있다)은 오염된 부지에서 중금속 오염물을 흡착하는 데 사용되었다. 심지어 때로는 식물을 수확하고 광물을 복구할 수도 있다. 식물환경정화(phytoremediation)는 토지 매립에서 가장 유망한 기술 중 하나로 보이고, 액면 그대로 보자면 온화하고 환경친화적으로 보이지만 아직 더 많은 연구가 진행되어야 한다. 예를 들어 오염물질을 거둬들이지 않는다면 먹이사슬 안으로 들어온 오염된 식물은 어떤 생태적 결과를 낳을까? 이런 문제는 복잡하고 다학제적 조사가 필요하다.

완성된 매립지는 종종 조경가의 관심이 필요한 대상지의 범주에 속한다. 매립지는 한 사회가 쓰레기를 파묻고, 종종 진흙이나 플라스틱으로 된 물이 통하지 않는 포장으로 덮어 버리는 장소이다. 매립지에는 온실가스인 이산화탄소와 인화성이 강한 메탄가스를 생산하는 유기물이 포함된다. 대개 가스가 방출되는 매립지에는 주택 개발 허가가 나지 않는데, 이는 단순히 메탄으로 인한 화재 위험 때문이 아니라 하치장 내 물질 침하로 인한 침하 위험 때문이다. 그 결과 많은 매립지는 공개공지로 재활용되지만 여기에도 고유한 문제가 있다. 예를 들어 점토로 위를 덮은 매립지 위에 나무를 심으면 문제가 생기는데, 나무뿌리가 밀폐된 부분을 뚫을 수 있기 때문이다. 최근의 연구는 이것이 문제가 되지 않음을 보여주지만 새어나오는 메탄가스는 나무의 성장을 저해할 수 있다.

이러한 어려움에도 불구하고 매립지를 공원으로 바꾸는 것은 전통이 되었다. 미국 최초의 사례는 버지니아주 버지니아비치에 있는데 아이러니하게도 마운트 트래시모어(Mount Trashmore)라는 이름이 붙었다(1973년 개장). 이곳은 20.7미터 높이의 인공 언덕으로 깨끗한 쓰레기와 토양층을 샌드위치처럼 켜켜이 쌓았고, 오늘날 가족 단위의 방문객과 연 날리는 사람들에게 인기 있는 장소가 되었다. 1980년대 말 캘리포니아주 팰로앨토시의 작은 구역에 조성된 빅스비 공원(Byxbee Park)도 유명한 사례이다. 하그리브스 어소시에이츠는 예술가 마이클 오펜하이머(Michael Oppenheimer), 피터 리처즈(Peter Richards)와 협업해 공원 아래 높이 60미터의 쓰레기가 있음을 절묘하게 알리는 경관을 조성했다. 도심공항에서 그리 멀지 않은 바람이 많이 부는 해안 공원에는 뿌리가 아래로 파고드는 것을 염려해 나무가 없다. 쓰레기장의 과다한 메탄을 태우는 불길과 절반쯤 파묻힌 전신주의 숲이 설계에 포함되었다. 이 전신주는 곧게 배치되었으나 시간이 지나면서 그 아래에 있는 쓰레기가 안정화됨에 따라 기울어질 것이다. V자 형태를 한 셰브론 모양의 토루(土壘)는 일종의 시각적 농담이다. 항공 지도에서 셰브론은 '여기에 착륙하지 마시오'라는 뜻으로, 비행기가 이곳에 착륙하는 일은 없지만 겨울에 거위들이 따뜻한 남쪽을 향해 날아가다가 잠시 머물기도 한다.

유산 지키기

토지 매립을 비판하는 이들은 종종 이것이 지역의 유산을 파괴할 수도 있음을 지적한다. 생태학자이자 사제인 존 로드웰(John Rodwell)은 사우스요크셔주의 던(Dearne) 계곡에서 탄광업의 흔적이 지워진 것에 대해 글을 썼는데, 그는 개개인의 경우라면 "기억상실을 걱정할 정도로 심각하게 고려"할 것이라고 서술했다. 사람들은 이동하지 않아도 뿌리째 뽑힐 수 있다. 토지의 급속한 산업화를 트라우마로 본다면 수세대에 걸쳐 지역공동체를 지탱해온 산업의 갑작스러운 폐쇄도 또다른 트라우마일 것이고, 어쩌면 성급한 매립은 또다른 트라우마가 될 것이다. 1970년대 미국의 조경가 리처드 하그(Richard Haag)는 선구적으로 다른 접근법을 시도했다. 그는 옛 가스 공장의 녹슨 유적을 철거할 필요가 없다고 유니언 호수 북쪽 기슭에 있는 이전 가스 공장의 매립을 추진하고 있던 시애틀시를 설득했다. 그 대신 산업의 역사를 대변하는 이 인상적인 부속들은 개스 웍스 공원(Gas Works Park)의 중심 요소로 유지되었다. 그의 사례는 독일의 라츠+파트너(Latz+Partner)가 자르브뤼켄과 루르강 계곡의 포스트인더스트리얼 경관(post-industrial landscapes)에서 비슷한 작업을 하기 전까지는 많이 따라하지 않았다. 이들의 가장 유명한 작업으로는 옛 제철소를 활용한 오늘날 뒤스부르크 노르트의 란트샤프트 공원(Landschaftspark Duisburg-Nord)이 있다. 이곳에는 서서히 부식되어가는 용광로가 보존되어 있고, 옛 광석 저장고에는 정원이 조성되었으며 쓰임을 다한 가스탱크는 다이빙 클럽으로 바뀌었는데 오늘날에는 인공 암초와 난파

9. 1990년대 독일의 조경사무소 라츠+파트너는 루르강 계곡에 있는 옛 제철소를 유명한 뒤스부르크 노르트의 란트샤프트 공원으로 변모시켰다.

된 모터 요트가 수중 경관에 흥미를 더한다〔도판 9〕.

독일에서 이렇게 부지를 재활용하는 일은 거의 주류 접근법이 되었고, 산업 유산을 폐기하기보다는 보존하는 조경가의 사례가 많다. 루르-엠셔(Ruhr-Emscher) 지역에서 활동하는 조경사무소 플라너그루페 오버하우젠(Planergruppe Oberhausen)은 촐페어아인(Zollverein) 탄광과 코크스 공장 작업을 해오고 있다. 근대건축가[49]가 건물을 설계한 이 탄광은 '세계에서 가장 아름다운 탄광'으로 알려졌다. 1986년 문을 닫은 뒤 철거 위기에 놓였으나 캠페인을 통해 2001년 유네스코 세계문화유산에 등재되었고, 5,000만 유로의 공공기금이 그 변화에 투입되었다. 네덜란드 출신의 저명한 건축가 렘 콜하스(Rem Koolhaas)가 대상지의 기본 설계와 옛 채탄장을 루르박물관(Ruhr Museum)으로 탈바꿈하는 작업에 관여했다. 프랑스의 조경사무소 아장스 테르(Agence Ter)도 오픈스페이스 디자인 개발에 참여했다. 조경가들은 다른 설계가 및 예술가들과 협업하고 또 지역의 초등학생도 참여시키며 공원에 초점을 맞추고, 하프 모양의 철도 측선 시스템을 포함한 주변의 기존 요소들 주위로 공원의 길과 자전거 길을 설계했다. 거대한 공업단지는 남아 있으나 건물 사이의 공간을 가득 채운 자작나무와 버드나무 숲으로 인해 부드러워졌다. 설계가들은 활기찬 야경을 위해 옛 산업 건물 주변에 산책로를 조성하고 이곳에 태양열 악센트조명을 설치했다. 그리고 거대한 화강암 조각으로 유명한 예술가 울리히 뤼크리엠(Ulrich Rückriem)은 탈산업시대의 숲에 조각 공원을 만들었다.

제 9 장

경관계획

수년 전 유럽에서 열린 조경학계의 콘퍼런스에 참석한 대표단에게 과제가 주어졌다. 이들에게는 각각 임의의 기하학적 형태가 부여된 '조경' '경관설계' '경관계획' '정원설계' '정원예술' 등의 용어 목록이 주어졌다. 이들은 이 분야들 간의 올바른 개념적 관계를 보여주는 그림을 그려야 했다. 예를 들어 정원설계가 사각형, 조경이 원이라고 할 때 정원설계가 조경에 완전히 포함된다고 생각했다면 사각형을 둘러싼 원을 그려야 한다. 만약 두 분야가 겹쳐진다면 이는 교차하는 두 도형으로 나타낼 수 있다. 너무나 당연하게도 여기에서 파생된 모든 다이어그램이 달랐다.

이 실험을 다시 해보아도 흥미로울 수 있지만 20여 년간 통합을 향한 국제적 논의와 진보가 이루어졌음에도 나는 지금도 완전한 합의는 이루어지지 않을 것이라고 예상한다. 그 명칭의 단점에도 불구하고 전반적인 명칭이 '조경'이라는 점은 일반적으로 인식되었기를 바란다. 또한 이 포괄적인 용어 아래 '경관설계'와 '경관계획'이라고 하는 두 개의 보완적인 활동이 있다는 점도 인식되었을 것이라고 생각한다. 분명 겹치는 부분이 있지만 이 둘을 구분하고자 할 것이다. 이를 위한 관습적인 방식은 설계 대 계획, 예술적 대 과학적, 작은 대상지 대 광역, 창조적 대 문제 해결, 종합적 대 분석적, 개인 제공 대 사회 제공과 같은 이항대립 목록을 작성하는 것이다. 이 목록은 두 종류의 활동 차이를 어느 정도 알 수 있게 해준다. 어떤 조경학도들은 본능적으로 조경의 더 예술적인 면에 이끌리는 반면, 다른 학도들은 조사 자료를 분석하고 도면을 준비하거나 보고서를 작성할 때 가장 행복한 것이 사실이다. 그러나 이러한 이분법의 부적절함을 빈공과대학의 리하르트 슈틸레스(Richard Stiles) 교수가 증명했는데, 그는 경관이 작은 대상지와 넓은 영토로 쉽게 분리될 수 없다는 것에 주목했다. 경관은 한쪽 끝에는 친밀한 정원 같은 공간이 있고, 가운데에는 근린과 네트워크가 있으며, 반대쪽 끝에는 지역 경관과 전체 분기점이 있는 연속체이다. 이와 비슷하게 창조적인 설계에 분석적 사고나 문제 해결이 전혀 포함되지 않는다고 말할 수는 없다. 이것은 대체로 관련이 있다. 리하르트 슈틸레스는 계획과 설계가 명확히 구분되는 이론적 토대가 있는 실제로 분리된 활동이 아니라는 점을 지적하고 있다. 설계와 계획 사이의 관계는 음과 양의 상징에 가까운데, 설계에는 항상 약간의 계획이 있고, 계획에는 약간의 설계가 있다(이것은 리하르트 슈틸레스가 아닌 나의 관점이다). 그러나 논란의 여지가 없는 사례가 있다. 조경가가 정원처럼 개인 고객이 완전히 통제할 수 있는 대상지에 대한 설계를 준비할 때의 활동을 일반적으로 설계라고 부를 수 있는데, 여기에는 채소밭의 가장 적합한 장소를 찾는 것과 같은 계획적인 측면이 포함된다. 조경가는 개인 고객을 대상으로 할 때가 아니더라도 공원이나 공공 광장을 설계할 때 종종 같은 기술을 적용해야 한다. 개인이든 기업이든 대토지 소유자를 위해 넓은 사유지를 관리하는 일은 종종 합리성을 바탕으로 하는 활동이지만 그럼에도 불구하고 미학적인 면이 고려될 수 있다. 그러나 이것을 계획으로 생각하는 것은 일반적이다. 마지막으로 우리에게는 조경가가 지방 행정부를 대신해 관할 토지에 대한 계획을 준비해야 하는 전통적인 조경계획 시나리오가 있다. 이 또한 대개 합리성에 바탕을 둔 의사결정 과정으로 보일 수 있지만 여기에서도 종종 미적·문화적 그리고 심지어는 정신적 가치를 고려해야 한다.

경관계획의 기원

경관계획은 낭만주의와 초월주의에 의해 조성된 반(反)도시적 태도와 잠식해가는 자연을 보호하고자 하는 인간의 욕구에 기원을 둔다. 5장에서 살펴보았듯이 조경의 아버지인 프레더릭 로 옴스테드는 미국 서부에서 자연 그대로의 경관이라고 생각한 것을 보호하기 위해 자연주의자들과 함께 작업했다. 이 기저에 깔린 철학은 "야생에는 세계가 보존되어 있다"라고 하는 헨리 데이비드 소로의 격언으로 요약할 수 있다. 헨리 데이비드 소로와 프레더릭 로 옴스테드에게 '야생'과 '서부'는 동의어였으므로 보존은 인간활동의 배제를 의미했다. 환경사학자 윌리엄 크로논(William Cronon)이 지적했듯이 이 야생의 개념은 처음부터 결함이 있었는데, 이는 수세기 동안 흔히 말하는 황야가 아메리카 원주민에게는 문화경관이었다는 사실을 무시했기 때문이다. 그럼에도 불구하고 이것은 우리에게 지정되고 보호받는 경관의 개념, 특히 국립공원의 개념을 제공했다. 미국에서 이것은 어느 누구도 살 수 없는 장소를 뜻한다. 그러나 제2차세계대전 직후 최초로 국립공원이 지정된 영국에서 이는 피크 디스트릭트(Peak District)와 레이크 디스트릭트처럼 수세기 동안 경작 행위를 통해 경관의 특성과 아름다움이 형성된 문화경관이었다. '자연의 아름다움' 개념은 규정하기 어렵지만 많은 영국의 계획법제화에서는 중시되었다. 어쨌든 시골은 자연과 인간 과정의 혼합체이다. 영국에는 지정된 많은 경관이 있는데, 어떤 곳은 역사, 어떤 곳은 서식지 부족, 어떤 곳은 문화적 중요성 및 경치와 관련되어 있어 모두 개발계획의 초안에 영향을 미치므로 무엇을 어디에 지을 수 있을지를 결정하는 데 도움을 준다.

전 세계적으로 중요한 습지를 과학적·생태적·문화적 가치를 인정해 목록에 등록하는 람사르협약(Ramsar Convention)과 같은 국제적인 지정도 있는데, 이 중에서 적어도 그 위상 면에서는 유네스코 세계유산 목록이 가장 높다. 이 엘리트 범주에 들어가려면 대상지에 '탁월한 보편적 가치(outstanding universal value)'가 있어야 한다. 이것은 아크로폴리스 같은 문화적 보물, 그랜드캐니언과 그레이트 배리어 리프(Great Barrier Reef) 같은 자연의 경이로움 등 인류 전체의 유산을 지키고 보호하기 위해 설립되었지만 나중에 규칙이 변경되어 문화와 자연이 혼합된 문화경관도 포함되었다. 쑤저우(蘇州)의 전통적인 중국 정원과 같은 설계된 경관은 문화적 인공물에 속하는데, 자연적으로 형성된 뾰족한 바위와 탑이 장관을 이루는 경관 사이에 부드러운 바위를 깎아 만든 이 지방 고유의 집들이 있는 튀르키예 카파도키아의 괴레메 계곡(Göreme valley)도 마찬가지이다.

앞의 장들에서 살펴보았듯이 우리가 인식한 자연의 아름다움을 보호하고자 하는 이러한 욕망은 과밀도시에서의 삶의 질을 개선하려는 사명에 의해 균형을 이룬다. 도시 내 오픈스페이스의 이점은 오래전부터 인식되고 장려되었다. 필라델피아의 건설자 윌리엄 펜(William Penn)[50]은 '푸른 시골 도시(greene Country Towne)'의 비전을 통해 정원도시운동을 예시했다. 그는 1665년 런던의 림프절 페스트(bubonic plague) 유행과 1666년 대화재에서도 살아남았다. 그래서 그는 새로운 도시가 '다시는 불에 타지 않고 항상 건강할 수 있도록' 오픈스페이스로 둘러싸인 넓은 부지에 건물을 짓기를 바랐다. 윌리엄 펜의 계획이 안전과 공중위생을 동시에 장려한다는 점에 주목해보자. 오픈스페이스가 다양한 종류의 이점을 제공할 수 있다는 생각은 현대적 사고(思考)에서도 여전히 중요한 위치를 차지하고 있다. 이것을 현대의 전문용어로 표현하자면 '다기능적이고(multifunctional)' '복수의 정책적 의제를 아우른다'고 할 수 있다. 계획과 관련된 용어는 불분명할 수 있지만 적어도 다채롭기는 하다. 공원과 정원의 총체는 '녹지(greenspace)'로 간주될 수 있으며 '브라운필드'와 혼동되는 일은 결코 없다. 하지만 도시 구조 내의 강, 호수, 연못 그리고 기타 수역을 포괄하는 용어인 '블루 스페이스'도 있다. 매사추세츠주의 보스턴과 브루클린에 있는 공원들을 잇는 프레더릭 로 옴스테드의 에메랄드 네크리스(Emerald Necklace)는 오늘날이라면 그리 시적이지는 않지만 본질적으로 동일한 개념인 '녹지 네트워크'로 묘사될 것이다. 1944년 패트릭 애버크롬비(Patrick Abercrombie)의 대런던계획(Greater London Plan)은 기존 경관의 체계적인 조사에 토대를 두고 도시 난개발을 억제하는 그린벨트와 공원, 녹지, 수변(river corridor) 주변에 기반을 둔 오픈스페이스 시스템을 설정할 것을 제시했다.

맥하그식 경관계획 — 경관 적합성

이언 맥하그 역시 무제한적인 개발에 대해 우려했다. 일부 개발이 다른 곳보다 어떤 경관에 더 적합하다는 생각은 상식적으로 보이지만, 범람원에 지어진 집들이 침수되거나 절벽 위에 지어진 호텔이 바다로 떨어질 때는 인간이 얼마나 어리석을 수 있는지가 분명해진다. 이언 맥하그는 자연적 과정과 가치를 고려하면 이러한 재난을 피하고 자연과 보다 조화를 이루며 살 수 있다고 생각했다. 그는 모든 것을 도면에 반영하는 방식을 제안했다. 그가 개발한 '경관 적합성 분석(landscape suitability analysis)' 혹은 '시브 매핑(sieve mapping)'으로 알려진 기법은 OHP 필름에 정보들을 층층이 쌓는 것과 관련이 있다. 예를 들어 새로운 고속도로를 위한 최적의 경로를 고려할 때 이언 맥하그라면 기층의 공학적 성질을 보여주는 레이어와 비옥한 토양, 중요한 야생동물 서식지, 중요한 문화적 대상지 등을 보여주는 레이어를 결합할 것이다. 이러한 것들이 결합되었을 때 도로를 건설하기에 더 좋은 구역은 표지(symbol)가 가장 명료하게 드러나는 구역이었다. 이 방식은 지역 규모의 개발계획에서도 효과적이었다. 일반적으로 이언 맥하그는 지형적·기후적·지질학적 데이터를 수집한 후 농업, 임업, 레크리에이션, 도시개발을 위한 구역으로 분류된 적합성 지도(suitability map)를 작성할 수 있었다. 방대한 데이터 수집과 처리에 기반을 둔 방식은 컴퓨터로 할 수 있는 것이 늘어나면서 훨씬 용이해졌고, '맥하그 방식'은 중첩도면 대신 디지털 지도 레이어를 활용하는 지리정보시스템(Geographical Information System, GIS)으로 알려진 기술의 토대가 되었다. 경관생태학의 도래 또한 맥하그식의 경관계획을 풍요롭게 만들었다. 이것은 어떤 생태계가 왜 쇠퇴하는지를 설명하는 이론을 제시했고, 또 이를 보호하고 개선하기 위한 원리도 제시했다.

일반적으로 경관계획은 백지 상태에서 시작하지 않는다. 20세기 네덜란드에서 조성된 해안 간척지 경관은 이 일반적인 관례에서는 예외의 경우이다. 바다에서 새로운 땅을 얻은 이곳에서는 농장, 제방, 도로, 정착지, 삼림지대 등을 아무것도 없는 곳에서부터 계획해 만들어나갈 수 있었다. 직선과 직선형 모양의 이 편평한 경관은 합리적인 계획의 전형이지만 여기에도 나름의 놀라운 미적 감각이 있다. 하지만 대부분의 장소는 설계와 완전히 똑같이 완성되지 않는다. 대부분의 경관은 수세기에 걸쳐 발전해왔으며 여러 레이어가 쌓여 있다. '팰림프세스트(palimpsest, 로마의 석판이나 중세의 두루마리를 가리키는 명칭으로, 원래의 글 일부 또는 전체를 지우고 다시 적었다)'라는 명칭은 경관이 바뀌어도 역사의 흔적은 여전히 남아 있다는 생각을 표현하는 데 종종 사용된다. 대부분의 경관계획은 매우 복잡한 것에서 시작하는데 우리는 이것이 복잡한 대상이라고 말하지도 못한다. 왜냐하면 많은 이론가들이 지적했듯이 경관은 물리적인 동시에 정신적이고, 객관적인 동시에 주관적인 것이기 때문이다.

특별한 경관에서 전체적 경관으로

경관계획은 특출하다고 여겨지는 전원지대를 지정하고 보호하는 데 기원을 두고 있으나 2000년 유럽경관협약(유럽평의회 협약 중 하나)의 채택은 이러한 사고에서의 중요한 변화를 나타낸다. 협약에서는 경관을 "사람이 인식한 구역으로,

자연적이고/이거나 인적 요인의 작용과 상호작용의 결과를 그 특성으로 지닌다"고 정의하는데, 이는 경관이 단순히 물리적인 것이 아님을 인식한 것이다. 이는 '사람이 인식한' 어떤 것, 즉 이해하고 공유하는 것이다. 경관은 '인간 환경의 핵심적 구성 요소, 공유하는 문화적·자연적 유산의 다양성의 표현, 정체성의 기반'으로 인식된다. '범위(Scope)'라는 표제의 조항에서 협약은 "해당국의 전체 영토에 적용되며 자연, 전원, 도시, 도시 근교 지역을 아우른다. 이 지역은 육지, 내수(內水), 해양지대를 포함한다. 이것은 뛰어난 경관뿐만 아니라 일상의 혹은 손상된 경관과도 관련이 있다"라고 명시되어 있다. 이것은 크로아티아의 플리트비체 호수 국립공원(Plitvice Lakes National Park)이나 프랑스의 피레네 국립공원(Pyrenees National Park)과 같은 장소 주변의 오래된 보호구역이 사라질 것이라는 말이 아니다. 이것은 정치가와 계획가들이 대부분의 사람들이 살고 있는 곳 근처에 있는 일상 경관의 질을 인식하고 보존하며, 사회적·경제적·생태적 혹은 미적 관점에서 악화되고 있다고 여겨지는 경관을 개선하기 위한 정책도 고려해야 한다는 뜻이다.

또한 유럽경관협약은 전문가들에 의한 의사결정에서 일반인에 의한 의사결정으로의 큰 변화를 나타낸다. 조인국에게 실제로 요구하는 것은 경관정책의 규정과 실행에서 지역 및 지방 당국과 더불어 '일반 대중의 참여 절차를 확립하는' 것이다. 물론 이것은 모든 방향으로 해석될 수 있고, 여러 나라에서 각기 다른 방식으로 실행될 것이다. 하지만 이러한 변화는 분명하다. 조경계획가들은 아무리 많은 것을 알고 있다고 하더라도 더이상 자신의 판단에 따를 수 없을 것이다. 전문가들은 계속 필요하지만 참여 촉진 분야의 전문 지식이 우대받을 것이다. 유엔이 지원하는 국제경관협약(International Landscape Convention)을 위한 캠페인이 현재 진행중이므로 이러한 고려사항들은 곧 전 세계에 적용될 것이다.

어떤 경관의 질을 평가하는 일은 매우 어려운 문제이다. 예를 들어 지도상의 사각형(map squares)에서 발견되는 요소들에 점수를 매기는 정량적인 방식은 적어도 잉글랜드와 스코틀랜드에서는 마침내 폐기되었고 '경관 특성 평가(landscape character assessment, LCA)'로 알려진 방식으로 대체되었다. 이것은 1980년대 랜드 유스 컨설턴트(Land Use Consultants)사(社)가 개발한 것으로, 경관에 대한 기술(description)을 이와 관련해 만들어질 수 있는 다른 판단과 분리하고자 노력한다. '역사적 경관 정의(Historic Landscape Characterization, HLC)'로 알려진 보완적 방식을 통해 기술에는 '시간적 깊이(time-depth)'가 더해진다. 유럽경관협약의 활동이 반드시 지켜야 할 특별한 경관의 지정에서 벗어남에 따라 HLC는 급속도로 변화하는 농촌 경관의 보호와 관리에 특히 주의를 기울이고 있다. 경관이 과거에 있던 변화의 팰림프세스트이고, 그 이유로 우리가 경관을 감탄하며 바라본다면 필연적으로 우리는 이후에도 더 많은 변화를 허용할 준비가 되어 있어야 한다. 문제는 변화의 규모와 속도를 어느 정도까지 받아들일 수 있느냐 하는 것인데, 여기서 다시 한번 대중의 의견을 수렴하는 것이 중요하다.

환경영향평가와 시각영향평가

조경가가 하는 계획 작업의 대부분은 특정한 개발 제안과 연관이 있다. 이들은 개발업자의 프로젝트 진행에 필요한 계획 허가를 얻기 위해 일을 할 수도 있다. 하지만 이들은 또한 제출된 제안을 평가하는 지방 당국을 위해 일을 할 수도 있고, 특정한 개발이 해로울 것임을 보여주려는 반대자를 대신해 일을 할 수도 있다. 프로젝트의 범위는 마을 외곽 들판의 소규모 주택 개발과 같은 비교적 작은 규모에서부터 새로운 공항이나 고속철도 노선과 같은 매우 큰 규모에 이르기까지 다양하다. 많은 국가들이 '환경영향평가(Environmental Impact Assessment, EIA)'라고 하는 절차를 채택했는데, 이것은 특정한 유형의 개발을 하는 기획자(promoter)들이 제안의 시행으

범례

▭ 대상지 경계

▭ 대상지 경계로부터의 거리(1, 2, 3, 4킬로미터)

장애물

■ 건물(7.5미터)

■ 삼림지대(15미터)

■ 태양광 패널의 이론적 가시구역

프로젝트 이름

릿지 태양광 발전소

도면 이름

이론적 가시구역(ZTV)

10. 랜드스케이프 디자인 어소시에이츠(Landscape Design Associates)사(社)가 준비한 웰링버러(Wellingborough) 인근 릿지(Ridge) 태양광 발전소의 이론적 가시구역(Zone of Theoretical Visibility) 계획, 2013.

로 인해 환경에 미치는 영향과 이를 완화하기 위해 취할 수 있는 조치를 종합적으로 검토하도록 의무화하고 있다. 환경영향평가에 관한 유럽 법률이 다루는 프로젝트의 종류는 정유공장, 고속도로, 화학공장, 노천광, 폐기물 처리장, 채석장과 같은 곳이 포함되지만 이 목록에는 대규모의 집약적 양계장도 포함된다.

환경영향평가에는 '경관과 시각영향평가(Landscape and Visual Impact Assessment, LVIA)'라고 하는 개별적이지만 연관된 절차가 포함되는데, 이것은 개발이 물리적 경관과 풍경 및 시각적 쾌적성에 미칠 수 있는 영향에 대해 검토한다. 경관과 시각영향평가는 대개 조경가가 수행한다. 물론 완전한 환경영향평가가 필요 없는 프로젝트에 대해서도 수행할 수 있다. 이러한 평가를 개발 단계 초기에 수행하면 영향을 피하거나 그 규모를 줄이는 방법을 평가하는 설계 도구의 역할을 할 수 있다는 이점이 있다. 풍력발전소나 새로운 공장 같은 곳의 시각적 영향을 평가할 때 조경가는 제안된 구조물이 있는 대상지에서 한 손에는 지도를, 다른 손에는 연필을 들고 보이는 것을 토대로 그 지역의 지도를 그리곤 했다. 이것은 등고선 지도에 기초한 도면 단면도로 보완될 것이다〔도판 10〕. 오늘날에는 이 '이론적 가시구역(ZTV)'을 보다 정확하게 추산할 수 있는 컴퓨터 프로그램이 있다. 시각화 소프트웨어는 제안된 개발이 특정한 시점에서 어떻게 보일 수 있는지에 대한 신뢰할 수 있는 이미지를 제공할 수 있다. 때로는 개발의 규모를 줄이거나 수준을 일부 조절해 문제를 피할 수 있다. 경험상 이러한 조치는 보기 흉하다고 여겨지는 것을 가리기 위해 나무를 심는 것과 같은 겉치레 조경작업보다 영향을 완화하는 데 종종 더 효과적이다.

그린 인프라스럭처 계획

도시의 녹지 공간은 당연한 것으로 여겨지는 경향이 있다. 사람들은 이를 좋아하고 때로는 그 근처에 살기 위해 많은 돈을 지불한다. 하지만 그곳의 유지 관리는 긴축을 해야 할 때 종종 가장 먼저 삭감되는 것 중 하나이고, 공공과 민간 프로젝트 모두에서 조금씩 없어지는 경향이 있다. 종종 녹지 공간을 다시금 분명하게 언급해야 할 경우가 있는데, 그 방식에서의 논의는 당대의 중요한 문제를 반영한다. 우리는 경제학자들의 논의가 공공정책에 지대한 영향력을 행사하는 시대에 살고 있다. 만약 녹지 공간이 장식품에 지나지 않는다고 인식된다면 실리적인 회계 담당자는 이곳을 관리하는 데 공공자원이 너무 많이 든다는 결론을 내릴 가능성이 높다. 따라서 녹지 공간이 유용하고 기능적이며, '여러 정책 의제에 걸쳐 이득을 제공하고' 우리에게 좋은 것임을 드러내는 논의가 필요하다. 이러한 옹호가 취한 가장 최신의 형태가 그린 인프라스트럭처 계획(Green infrastructure planning)이다.

그린 인프라스트럭처 계획은 5장에서 언급한 '환경 서비스' 개념을 기반으로 한다. 우리가 이미 고려했던 공원 공급의 많은 역사적 사례는 이러한 용어로 쉽게 재분류할 수 있다. 프레더릭 로 옴스테드는 센트럴파크는 '도시의 허파'가 될 것이라고 말했고, 1878년부터 조성된 보스턴의 에메랄드 네크리스는 하수 처리를 개선해 공공 보건에 이바지한 성공적인 그린 인프라스트럭처 프로젝트로 간주될 수 있다. 현대적 사고는 생태계 서비스를 일련의 주제로 분류한다. 토양 조성과 같은 다른 모든 서비스의 기초가 되는 '지원 서비스(supporting service)'가 있다. 식량이나 연료와 같은 필수품을 공급하는 '공급 서비스(provisioning service)'가 있다. 대기중의 탄소를 포집하는 '조절 서비스(regulating service)'가 있다. 마지막으로 자연이 인류의 안녕에 기여하는 모든 방법을 포함하는 '문화 서비스(cultural service)'가 있다. 여기에서 경관은 미적 영감과 향유, 역사성과 장소성, 레크리에이션의 기회와 영적 고양에 기여하는 중요한 역할을 한다. 잘 계획된 그린 인프라스트럭처는 인구 밀도가 높은 도심 지역의 사람들에게 이러한 혜택을 가져다줄 수 있다. 이것은 기후변화가 야기한 몇몇 문제를 완화하는 데 기여할 수 있다. 예를 들어 녹지 공간은 홍수 때 많은 양의 물을 보유했다가 이것이 땅으로 스며들게 하여 기성 시가지를 보호하도록 설계할 수 있다. '다기능성(multi-functionality)'이 아이디어의 핵심인데, 이것은 물 관리에서부터 서식지 보호, 건강을 증진하는 야외 레크리에이션의 제공에 이르기까지 여러 다양한 기능이나 활동이 한곳의 땅에서 제공될 수 있다는 개념이다.

제 10 장

경관과 어버니즘

'경관'이라는 단어는 종종 '전원지대'나 '시골 풍경'과 동의어로 간주되지만, 이 책에 나타난 조경작업의 사례는 조경이 시골뿐 아니라 도시와 관련된 작업임을 보여주었다. 사실 나는 한걸음 더 나아가 농장이나 전원적인 아름다움이 있는 장소보다는 마을과 도시 주변에서 일어나는 일과 더 관련이 있다고 말하고 싶다. 조경작업은 보통 개발과 어떤 식으로든 연관되어 있으며 대부분의 개발은 도시지역에서 일어난다. 게다가 미래에는 더 많은 사람들이 도시에서 살게 될 것이다. 유엔에 따르면 도시지역에 사는 세계 인구의 비율은 이미 농촌지역에 사는 인구의 비율을 추월했다. 이러한 추세는 계속될 것으로 보이며, 2050년경에는 인구의 70퍼센트가 소도시와 도시에 살 것으로 예상된다. 점점 더 많은 사람들이 1,000만 명 이상의 인구가 밀집한 도시 집적지(urban agglomeration)로 정의되는 '거대도시(megacity)'에 살게 될 것이다. 도쿄는 현재 인구가 3,400만 명이 넘는 세계에서 가장 큰 도시이다. 2000년에는 16개의 거대도시가 있었는데 2025년에는 27개가 될 것으로 예상되며, 그중 21개는 개발도상국에서 찾아볼 수 있을 것이다. 산업혁명 동안 급속하고 대부분 계획되지 않은 도시의 확장은 위생, 주택 기준, 도시 공원의 공급을 개선하는 원동력이 되었다. 같은 방식으로 최근 빈발하는 도시화는 이렇게 방대한 정착지에서 가능한 삶의 질에 대한 의문을 제기하고, 조경 및 기타 건조 환경과 관련된 분야에서 거대도시 현상의 규모에 적응하도록 요구한다.

조경과 도시설계

살기 좋은 도시를 형성하는 일은 매우 복잡해서 조경가, 건축가, 도시설계가를 비롯한 다양한 전문가의 기여가 필요하다. 각 분야마다 민감하게 반응하는 부분이 있고, 독자적인 훈련과 교육의 접근법이 있으며, 고유한 전문지식을 가지고 있다. 예를 들어 조경가는 어떤 종이 가장 좋은 가로수인지, 이것을 하수관, 가스 본관, 광섬유 케이블이 가득한 인도에 심는 방법을 알아야 하지만, 도시계획가는 주거 밀도나 통행 패턴, 건조 형태의 관계를 더 잘 이해할 것이다. 조경가는 그 특질상 자연 시스템과 생태에 대한 이해가 깊은데 이것은 그의 강점 중 하나이다. 1950년대 말 이미 도시가 만든 문제, 특히 자동차 시대의 문제를 해결하기 위해서는 전문가들의 의견을 모아야 한다는 확신이 커지고 있었다. 하버드대학에서 열린 일련의 콘퍼런스를 통해 도시설계라고 불리는 새로운 학문 분야에 대한 공통의 기반을 찾고자 했다. 이 분야는 오늘날 하나의 분야로 확고히 자리를 잡았으며, 대학 프로그램도 많은데, 대개 이 분야에서 작업할 실무자를 준비시키는 대학원 단계에 있다. 하지만 조경이나 〔도시〕 계획과 달리 도시설계는 정식 인가 절차와 이에 수반되는 제도적 장치가 있는 전문 업역은 아니다.[51] 이것은 비록 자유로울 수 있지만 도시설계가로 활동하려면 관련된 전문 분야 중 하나인 아마도 조경가의 자격을 갖추어야 한다는 뜻이기도 하다.

도시설계가 어떻게 생겨나게 되었는지를 생각하면 놀랍지도 않지만 도시설계와 조경에는 중복되는 부분이 상당히 많다. 프레더릭 로 옴스테드가 한 일을 되짚어보면 그중 많은 부분은 조경으로 분류될 수도, 도시설계로 분류될 수도 있다. 도시 근교(city neighbourhood) 계획에는 주택단지, 쇼핑센터, 교통시스템뿐만 아니라 공원과 오픈스페이스를 지정 및 설계하는 것이 포함된다. 프레더릭 로 옴스테드의 공원시스템은 우리가 살펴보았듯이 레크리에이션을 위한 장소를 제공했을 뿐 아니라 도시의 위생 문제를 해결했다. 공원을 설계하는 것에는 반드시 그것의 맥락, 도시 조직 내에서의 위치, 사람들이 살고 일하는 장소와의 관계, 다른 오픈스페이스 및 거리와의 연결, 거주자와 방문자들이 이용하게 될 방식에 대한 이해가 포함된다.

조경과 도시설계의 차이는 대개 관점의 문제이다. 이러한 차이는 조경과 도시설계를 배우는 학생들을 위한 합동 스튜디오 활동에서 확연히 드러났다. 동일한 도시 내 대상지, 대개 기존의 오픈스페이스나 버려진 공장의 매립지가 제시되었을 때 도시설계 학생들은 이곳을 건물로 채우고 그 사이에 작은 공원이나 도시 광장을 곳곳에 흩뿌리듯 배치한 반면, 조경학과 학생들은 넓은 오픈스페이스에 몇몇 건물을 흩뿌리듯 배치해 정반대의 경향을 보였다. 도시설계가는 녹지 오픈스페이스를 장식이나 때때로 기분전환을 할 수 있는 곳으로 보는 경향이 있으며, 대규모 공원과 연결된 녹지 공간 시스템의 기능적·생태적 이점을 간과하는 경향이 있다. 반대로 조경가는 건조 형태를 다루는 데 자신감이 부족하며, 최악의 경우 이들의 설계는 도시에 속해 있는 것 같아 보이지 않는다. 물로 이러한 합동 스튜디오의 목적은 이 같은 편협한 인식을 극복하고 다른 분야가 무엇을 제공할 수 있는지를 인식하는 데 있다. 예를 들어 조경가는 도시개발의 경제학을 알아야 하지만 그것에 대한 전문가가 될 필요는 없다. 도시설계가는 그린 인프라스트럭처의 잠재력을 이해해야 하지만 그것의 실행은 조경가에게 안전하게 맡길 수 있다.

교외화, 스프롤, 다양한 어버니즘

교통시스템과 도시 형태는 강력하게 연결되어 있다. 1930년대 영국에서는 이미 간선도로를 따라 나타나는 '대상(帶狀) 개발'과 이를 통해 마을들이 연결되고 시골의 아름다움이 훼손되는 방식에 대한 강력한 반발이 있었다. 무분별한 개발이 보기 좋은 풍경을 집어삼키는 것처럼 보였다. 땅이 충분하고 휘발유가 비싸지 않은 미국에서는 원도심 지역 주변으로 교외 지역이 넓게 확장되는 현상을 '스프롤'이라고 불렀다. 교외 생활방식에 대한 소비자의 분명한 선호와 공격적인 마케팅에도 불구하고 대부분의 건축가와 조경가, 계획가는 스프롤을 비난했다. 이것은 흔히 많은 사회적·환경적 병폐와 연관되어왔다. 교외는 이웃들이 모여사는 전통적인 지역이 지닌 활기와 사교성이 부족한 반면 불건전한 생활방식과 급속히 확산되는 비만을 촉진하는 자동차에 대한 의존성을 조장한다고 여겨졌다. 또한 미국은 1인당 이산화탄소를 가장 많이 배출하는 나라인데, 이것은 저밀도 생활과 자동차와의 애정과도 관련이 있다. 토머스 제퍼슨과 윌리엄 펜이 추진한 넓게 사는 생활의 비전에는 심각한 악영향이 있음이 드러났다.

스프롤 문제에 대한 많은 대응들이 있었는데, 그중 많은 것들이 두드러진 특징을 공유했다. 가장 초기의 것으로는 뉴어버니즘(New Urbanism)이 있는데, 이것은 활기 넘치는 도시 영역과 강력한 장소성을 다시 조성해 지역공동체의 분산과 원자화에 반대하는 도시설계운동이다.[52] 이는 1980년대 건축가 레온 크리어(Léon Krier, 1946~)의 도시 비전과 이론가 크리스토퍼 알렉산더(Christopher Alexander, 1936~)의 '패턴 랭귀지(pattern language)'[53]에 기반을 두고 생겨났는데, 이 두 사람은 모두 유럽에서 파생한 유서 깊은 도시 건설 방법으로의 회귀를 주장했다. 이것은 종종 공원이나 도시 광장이 중심에 있는, 걸어 다니기 좋은 주위 지역을 옹호했다. 일부분에 나무가 줄지어 늘어선 좁은 가로는 자동차가 지나가기 힘들 것이고, 살기 좋은 마을의 모든 요소인 학교, 육아시설, 놀이터, 상점 등은 쉽게 걸어갈 수 있을 것이다. 양식적으로 이 운동은 전통적인 건물 양식을 재현하려는 보수적이고 과거 회고적인 경향을 띠었다. 영국 도체스터 외곽의 파운드베리

(Poundbury)와 플로리다의 시사이드(Seaside)가 뉴어버니즘의 대표적인 사례인데, 비평가들은 이 장소들에 모조품 같은 성격이 있다고 보았다. 시사이드가 주인공이 자신도 모르는 사이에 텔레비전 프로그램 제작팀이 조작한 완벽에 가까운 인공적인 삶을 사는 영화 〈트루먼 쇼The Truman Show〉(1998)의 촬영 장소로 선택된 것은 아마 이런 이유에서일 것이다. 다음으로 '스마트 성장', '압축도시(compact city)', '도시 집약화(urban intensification)'와 같은 아이디어가 나왔는데, 이것은 모두 19세기 유럽 도시에 대한 향수를 불러일으키지 않고 뉴어버니즘의 보행자 중심 도시라는 아이디어를 간직하고 있었다. 이러한 접근법의 특징은 토지 이용이 복합적인 주택의 선택 범위가 넓고, 대중교통시스템과 잘 통합되어 있으며, 농지와 도심 녹지 공간, 환경적으로 중요한 서식지 등을 보존한다는 것이다. 조경가가 이러한 비전을 실현하는 데 큰 역할을 하는 것은 분명하다. 이러한 사고방식은 여러 유럽 국가, 특히 영국과 네덜란드에서 큰 영향력을 끼쳤다.

교통과 인프라스트럭처

바르셀로나, 스트라스부르, 프랑크푸르트의 트램은 길게 놓인 잘 다듬어진 잔디 길을 따라 나무가 늘어선 가로수길 사이를 멋지게 미끄러지듯 달린다. 이것은 매력적인 조경 설계와 효율적인 대중교통시스템이 자연스럽게 결합된 뛰어난 사례이다. 교통 인프라스트럭처를 인간친화적으로 만들기 위해 엔지니어와 협업하는 조경가의 사례는 매우 많다. 스웨덴의 조경가 스벤 잉바르 안데르손(Sven-Ingvar Andersson, 1927~2007)은 룬드(Lund)에서 철로를 따라 놓인 선형 공간의 바닥을 네모난 포석으로 포장하고, 피나무를 심어 보행자 몰을 조성했다. 보다 큰 규모로 네덜란드의 웨스트 8(West 8)은 스키폴 국제공항의 활주로와 건물 주변 사이의 공간에 수천 그루의 자작나무를 질서정연하게 심었다. 자작나무는 나무껍질의 아름다움뿐만 아니라 참새목(perching bird)의 새들이 이 나무를 좋아하지 않아 항공기 안전에 위협이 되지 않기 때문에 선택되었다. 많은 경우 교통 인프라스트럭처는 그린 인프라스트럭처의 일부분이 될 수 있다. 녹색 교통 코리더(green transport corridor)는 생태학적으로 가치 있는 서식지 패치(habitat patch)는 도시 매트릭스 내에 연결하기에 특히 중요하다. 때때로 도로나 철도 때문에 서식지가 분리될 경우 조경가는 양쪽 서식지를 연결하는 생태통로(green bridge) 형태로 해결책을 제시할 수 있다.

마지막 단락에 나온 사례는 교통 인프라스트럭처의 요소를 다루기 쉬운 장소로 바꾸기 위한 전술적 개입의 경우

이지만 교통시스템이 도시를 형성한다는 보다 광범위하고 전략적인 의미가 있다. 대표적인 사례로는 '메트로랜드(Metroland)'가 있는데 이는 20세기 초 런던의 북서부에 기다란 띠 모양으로 건설된 교외의 지역으로 런던의 지하철인 메트로폴리탄 철도(Metropolitan Railway)에 의해 제공되고 촉진되었다. 1947년 코펜하겐의 유명한 '핑거 플랜(Finger Plan)'에서는 밀집한 도심('손바닥')에서 방사형으로 뻗어나가는 5개의 통근 열차 노선('손가락')을 따라 도시가 발전하고, 그 사이에는 농업과 레크리에이션을 위한 쐐기 모양의 녹지 공간이 조성되었다. 흔히 그렇듯이 교통 네트워크의 패턴, 도시의 건조 형태, 오픈스페이스 시스템의 구조는 밀접하게 연결되어 있었다. 이러한 연결의 인식은 도시계획을 위한 도구를 제공한다. 설계 규준(design code)과 용도지역 법규(zoning regulation)에도 불구하고 도시의 성장은 많은 부분을 시장에 맡겨야 하는데, 종종 계획가와 도시설계가는 이것에 대해 유감스러워한다. 인프라스트럭처 프로젝트와 도시 녹지 공간에 대한 공공자금의 지출은 가장 자본주의적인 경제에서도 정략적으로 받아들여지고 있다. 따라서 공공의 선을 위해 또는 적어도 인프라스트럭처가 개발보다 우선시되는 사회에서 종종 도시를 형성할 수 있는 여지가 있다. 거대도시의 많은 부분을 차지하는 비공식적인 주거지의 경우 인프라스트럭처, 오픈스페이스, 공공자금 없이 생겨난 장소의 서비스를 개선하는 데 공공자금을 투입할 수 있어도 상황은 매우 다르다.

랜드스케이프 어버니즘과 생태적 어버니즘

하나의 분야(discipline)로서 도시설계가 형성되기 전에 하버드대학에서 논의가 있었듯이 1997년 시카고의 일리노이대학에서 열린 콘퍼런스에서는 '랜드스케이프 어버니즘(landscape urbanism)'이라는 새로운 이즘(ism)이 공표되었다. 이것은 하버드 디자인대학원의 조경학과 교수인 찰스 왈드하임(Charles Waldheim)이 만든 신조어다.[54] 펜실베이니아대학 조경학과 교수인 제임스 코너(James Corner)에 의하면 이 새로운 '사고와 행동방식'은 "전통적인 도시설계와 계획이 현대 도시에서 효과적으로 작동하는 데 실패"했기 때문에 필요해졌다. 이 실패했다는 느낌은 미국의 도시들이 계속해서 수평적으로 무질서하게 뻗어나간 방식에 대한 숙고, 개발도상국에서 거대도시가 증가하는 놀라운 속도, 그리고 옛 공업도시에서 한때 그 도시의 생명줄이었던 사업들이 문을 닫거나 이전하면서 공동화되는 새로운 현상에서 파생된 듯하다. 이러한 과정의 사례로 디트로이트를 들 수 있는데 이곳은 더 이상 '자동차 도시'가 아니다. 이제 이곳의 도시 경관은 버려진 공장과 폐허가 된 거대한 호텔의 이미지로 대표된다. 이러한 모든 상황에서 랜드스케이프 어버니스트는 도시설계가는 무력하며, 도시를 함께 연결할 수 있는 유일한 것은 그곳의 경관이라고 주장한다. 이것을 개념화하는 한 가지 방법은 도시의 기본 단위(basic block)로서의 건물에서 모든 것을 한데 묶는 접착제 혹은 매개체(medium)로서의 경관으로 관심의 초점이 이동했다고 말하는 것이다. 랜드스케이프 어버니스트들은 도시설계가 등장한 방식과 같이 새로운 직군의 형성을 제안하지 않고 조경, 토목공학, 도시계획, 건축과 같은 업역의 개념적 영역이 통합되어야 한다고 제안한다. 랜드스케이프 어버니즘의 석사 과정 프로그램이 북미의 여러 대학과 런던의 AA스쿨에 생겨났다.

랜드스케이프 어버니즘이 얼마나 혁신적일 수 있는지, 그리고 조경의 전통에서 오랫동안 활용되어온 아이디어를 어느 정도로 수정할 수 있는지에 대한 많은 논의가 이루어졌다. 랜드스케이프 어버니즘의 원칙 중 하나는 경관이 어떻게 작동하는지, 즉 이것이 우리에게 어떤 영향을 미치는지가 그것이 어떻게 보이는지보다 더 중요하다는 것이다. 이것은 그린 인프라스트럭처 계획의 옹호자들이 표명하는 개념과 매우 유사하다. 그러나 앞에서 이야기했듯이 기능에 대한 관심은 조경이 시작되었던 바로 그때 프레더릭 로 옴스테드와 그의 후계자들의 작업에서도 나타난 개념이다. 랜드스케이프 어버니스트들도 동의하겠지만 그들이 프레더릭 로 옴스테드의 전통에서 논쟁적으로 문제삼는 부분은 **도시 안의 시골**(rus in urbe)의 옹호, 도시 속에 낭만화된 자연을 포함시키는 것이다. 이것은 기껏해야 무관한 것으로, 최악의 경우 위장이나 기만의 일종으로 거부당했다. 이들은 더 나아가 우리가 한 손에는 경관을, 다른 손에는 도시를 놓고 이야기하는 방식은 '차이와 대립이라는 19세기적 렌즈'에 좌우된다고 주장한다. 이들은 우리가 도시와 시골의 이분법적 구분에서 벗어나야 한다고 주장하고 싶어한다. 이들은 도시의 발자국이 우리가 전통적으로 시골이라고 부르는 곳까지 뻗어나갔고, 시골은 먹거리, 식수, 에너지 등 도시에 자원을 제공하기 위해 조직되었다는 점을 인식하기를 바란다. 이와 동시에 산업의 쇠퇴로 인해 생겨난 도시 내의 공터나 인프라스트럭처의 필수 항목과 관련된 지역이 생태천이 같은 자연적 과정에 개방되어 있다. 해체(Deconstruction)가 문학적·철학적 운동으로 출현한 이후 학계에서는 이분법적 대립을 공격하는 것이 유행했다. 하지만 나는 이것을 포함한 많은 이분법은 매우 유용하며, 또 시골과 도시의 구분을 없애면 스프롤 현상은 더 심해질 것이고 도시 근교의 문화경관을 위험에 빠뜨리게 될 것이라고 주장하고자 한다. 때때로 랜드스케이프 어버니즘의 레토릭은 '흐름에 따라가기(going with the flow)'를 선호한다. 이것은 우리의 도시가 극단적으로 탈중심화되고, 리좀(rhizome) 같은 네트워크를 이루며, 경관 전체에 널리 퍼진다는 의미임에도 말이다. 하지만 이것은 영국에서 계획법으로 이어진 '대상 개발'과 도시 확장을 억제하기 위한 그린벨트에 대한 우려이다. 걷잡을 수 없는 자본주의와 통제되지 않는 스프롤이 세력을 떨칠 필요는 없다. 때로 좋은 도시계획은 방향을 바꾸거나, 속도를 늦추거나 혹은 일이 일어나지 않도록 방지한다는 것을 의미한다.

반면 랜드스케이프 어버니즘에는 큰 이점이 있는 아이디어도 많다. 랜드스케이프 어버니스트들은 대상지와 도시가 시간이 지남에 따라 발전한다는 점을 인식하고 이를 장기적인 관점에서 보고자 한다. 제임스 코너는 '행동을 위한 장(fields for action)' 또는 '행위를 위한 무대(stages for performances)'의 준비를 강조하는데, 이것은 버려진 건물의 정리 같은 물리적인 작업 혹은 작업이 어느 정도 순조롭게 진행되도록 소유자가 다양한 토지의 조각들을 모으거나, 자금을 조달하거나, 여러 가지 허가를 얻는 등의 보다 추상적인 활동을 지칭할 정도로 모호하다. 랜드스케이프 어버니즘은 고정된 마스터플랜 대신 유연한 불확실성을 극찬한다. 랜드스케이프 어버니스트들은 디트로이트의 빈 땅에 생겨난 도시 정원 가꾸기와 농업에 찬사를 보내는 글을 작성했다. 이들은 또한 방치된 땅, 고속도로 사이의 자투리 땅과 틈새 공간, 하수 관개 이용 농장, 철도 측선, 매립지를 옹호한다. 엔릭 바트예(Enric Batlle)와 호안 로이그(Joan Roig)가 설계한 바르셀로나의 트리니타트 공원(Parc de la Trinitat, 1993) 프로젝트가 종종 언급되는데, 이곳은 환상(環狀)의 고속도로 인터체인지 안에 있는 공원과 스포츠 복합단지이다. 마찬가지로 보다 최근에 뉴욕시에 세워진 하이라인(High Line, 2005~2010)도 높이 평가받는데, 이곳은 조경사무소 제임스 코너 필드 오퍼레이션스(Field Operations)와 건축사무소 딜러 스코피디오+렌프로(Diller Scofidio+Renfro)가 협업해 맨해튼의 버려진 고가 화물 철로를 선형 공원으로 탈바꿈시킨 곳이다. 오랫동안 사용되지 않은 이곳에서 저절로 자라며 구조물을 점령한 식물들에서 영감을 얻은 식재가 요소로 포함되었다〔도판 11〕.

폐기물을 잘 활용하는 것에 대한 랜드스케이프 어버니즘의 관심을 언급함으로써 장점을 더할 수 있다. 매사추세츠 공과대학의 도시설계 및 조경학과 부교수인 앨런 버거(Alan Berger)는 『폐기물 경관*Drosscape*』에서 모든 도시는 쓰레기를 만들지만 이것을 긁어모아 모양을 만들고, 드러나게 하고, 재프로그래밍해 사회적·환경적으로 유용한 목적을 충족시킬 수 있다고 주장한다. 앨런 버거는 "따라서 설계가의 도전은

11. 조경사무소 제임스 코너 필드 오퍼레이션스는 건축사무소 딜러 스코피디오+렌프로와 협업해 맨해튼의 방치된 고가 화물 철로를 인기 있는 하이라인 선형 공원으로 재탄생시켰다(2005~2010).

폐기물 없는 도시화를 달성하는 것이 아니라 불가피하게 생긴 폐기물을 보다 유연하게 미학과 설계 전략 속에 통합시키는 것이다"라고 서술했다. 제임스 코너 필드 오퍼레이션스가 장기간에 걸쳐 관여하고 있는 프레시 킬스 매립지(Fresh Kills Landfill, 2001~2040)를 뉴욕에서 가장 큰 공원으로 재탄생시키는 작업은 랜드스케이프 어버니즘적 작업의 지침이라는 찬사를 받고 있다. 생각해보건대 땅이 좁고 제2차세계대전 이후 전쟁으로 파괴된 도시를 처리하기 위해 토지 개간의 전통이 생겨난 인구가 밀집한 유럽에서보다는 역사적으로 땅의 공급에 제한이 없던 북미에서 황무지의 유용성에 대한 논의를 더 강하게 주장했을 필요가 있었을 것이다.

랜드스케이프 어버니즘은 신중하면서도 유용한 도발이었다. 경관을 '기계적(machinic)'으로 묘사하는 것을 듣고, 업역 간의 경계 해체에 대한 이야기를 하고, 방대한 물리적·시간적 규모를 생각하고, 미학의 중요성을 경시하거나 심지어는 묵살하면서…… 이러한 움직임과 다른 것들은 실무에서의 변화와 도시 문제를 개념화하는 새로운 방법 및 해결책을 상상하는 새로운 접근법을 촉진하면서 그들이 바라던 효과를 거두었다. 이것은 조경을 대체하려는 의도가 결코 아니었다. 한 사람이 조경가이자 랜드스케이프 어버니스트가 될 수도 있다. 하지만 랜드스케이프 어버니즘의 복잡한 결합 속으로 들어오는 사람에게는 자신만의 고유한 전문지식과 기술이 있어야 한다. 그러나 이 시대의 급진적인 개념으로서의 랜드스케이프 어버니즘의 포물선(arc)은 거의 완성되었다. 2010년 찰스 왈드하임은 랜드스케이프 어버니즘이 '건장한 중년'에 접어들었다고 제안했는데, 이제 겨우 이것을 접한 미국 이외의 지역 사람들에게는 다소 놀라운 일이었다. 2009년 하버드대학은 디자인대학원 학장인 모센 모스타파비(Mohsen Mostafavi)가 주도한, 랜드스케이프 어버니즘 개념이 확장된 생태적 어버니즘(ecological urbanism)이라는 주제로 또다른 콘퍼런스를 개최했다. 우리가 랜드스케이프 어버니즘이라는 새로운 이즘이 저물기도 전에 또다른 것을 맞이할 준비가 되었는지에 대해서는 논란의 여지가 있다. 하지만 이것은 우리 모두가 직면한 생태적 위기의 규모에 대처하기 위한 설계 분야가 필요하다는 점을 비롯해 기존의 개념들에 영향을 미치는 개념들을 지닌다. 이것은 기존의 도시를 개조할 뿐만 아니라 미래의 도시를 계획하는 새로운 방식을 요구한다. 그리고 이것은 이해할 수 없는 전문용어를 포함해 랜드스케이프 어버니즘의 가장 거슬리고 반감을 갖게 하는 부분을 제거한 것처럼 보인다. 그렇지만 조경의 가치와 관점은 계속해서 이 새로운 움직임의 중심이 될 것이라는 점은 분명하다. 조경가들은 아주 오랫동안 생태적 어버니스트였다.

참고문헌

머리말

European Landscape Convention, Council of Europe, 2000.

1장: 기원

Downing, Andrew Jackson, *A Treatise on the Theory and Practice of Landscape Gardening, Adapted to North America*, C. M. Saxton, 1841.
Hogarth, William, *The Analysis of Beauty, Written with a View of Fixing the Fluctuating Ideas of Taste*, W. Hogarth, 1753.

3장: 모더니즘

Steele, Fletcher, 'New Pioneering in Garden Design,' *Landscape Architecture*, 20, no.3 (April 1930): 162.
Tunnard, Christopher, *Gardens in the Modern Landscape*, The Architectural Press, 1938.

4장: 쓰임과 아름다움

Williams-Ellis, Clough, *England and the Octopus*, Geoffrey Bles, 1928.
Howard, Ebenezer, *Garden Cities of Tomorrow*, Swan Sonnenschein & Company, Limited, 1902, first published in 1898 as *Tomorrow, A Peaceful Path to Real Reform*.
Thayer, Robert, *Gray World, Green Heart: Technology, Nature and the Sustainable Landscape*, Wiley, 1997.

5장: 환경 분야

Wordsworth, William, *A Guide Through the District of the Lakes*, fifth edition, 1835, first published as an introduction to Joseph Wilkinson's *Select Views in Cumberland, Westmoreland and Lancashire*, 1810.
Carson, Rachel, *Silent Spring*, Houghton Mifflin, 1962.
Thayer, Robert, *LifePlace: Bioregional Thought and Practice*, University of California Press, 2003.
Lyle, John Tillman, *Regenerative Design for Sustainable Development*, Wiley, 1994.

6장: 예술의 장소

Ross, Stephanie, *What Gardens Mean*, University of Chicago Press, 1998.
Hall of Shame website maintained by the Project for Public Spaces 〈http://www.pps.org/great_public_spaces/Jist?type_id=2〉 (접속일 2014년 2월 20일).

7장: 사회 공헌

Mozingo, Louise A. and Jew, Linda L. (eds), *Women in Landscape Architecture: Essays on History and Practice*, McFarland & Co. Inc. Publishers, 2012.

10장: 경관과 어버니즘

City Population (website) Population Statistics for Countries, Administrative Areas, Cities and Agglomerations, with Interactive Maps-Charts. 〈http://www.citypopulation.de/〉 (접속일 2014년 2월 24일).
Berger, Alan, *Drosscape*, Princeton Architectural Press, 2007.

독서안내

도판을 수록할 공간이 제한된 이 '첫단추' 시리즈를 보완할 만한 설계된 경관에 대한 역사를 훌륭하게 시각적으로 담은 책이 여럿 있다. 20세기 영국의 저명한 조경가 제프리 젤리코가 쓰고 그의 스케치와 아내 수전 젤리코의 사진 도판이 수록된 *The Landscape of Man: Shaping the Environment from Prehistory to the Present Day* (3rd edition, Thames & Hudson, 1995)[55]는 변함없이 사랑받는 책이다. William Mann, *Landscape Architecture: An Illustrated History*는 도면과 스케치로 동일한 분야를 다루고 있지만 사진은 없다. Tom Turner, *Garden History: Philosophy and Design 2000 BC-2000 AD* (Routledge, 2005)의 역사적 조사도 훌륭하다.

조경업 입문을 고려하는 사람들을 위한 훌륭한 개론서도 여럿 있다. Tim Waterman, *The Fundamentals of Landscape Architecture* (AVA Publishing, 2009)[56]는 간결하게 잘 쓴 삽화도 좋은 책이다. 적어도 크기면에서 이보다 훨씬 더 큰 책으로는 현재 5판까지 나온 Barry Starke and John Ormsbee Simons, *Landscape Architecture: A Manual of Environmental Planning and Design* (McGraw-Hill Professional, 2013)[57]이 있다. Catherine Dee, *To Design Landscape: Art, Nature & Utility* (Routledge, 2012)는 그의 전작 *Form & Fabric in Landscape*

Architecture: A Visual Introduction (Taylor & Francis, 2001)[58]만큼 이해하기 쉽다. 필자의 *Ecology, Community and Delight* (E. & F. N. Spon, 1999)와 *Rethinking Landscape* (Routledge, 2007)는 조경 실무에 내재한 개념과 가치를 다룬다. '싱킹 인 액션(Thinking in Action)' 시리즈로 발간된 Susan Herrington, *On Landscape* (Routledge, 2008)에서 이 주제를 탐색했다. 조경 이론을 한곳에 모으고자 한 시도 중 신뢰할 수 있는 두 사례로는 Simon Swaffield ed., *Theory in Landscape Architecture: A Reader* (University of Pennsylvania Press, 2002)와 Michael D. Murphy, *Landscape Architecture Theory: An Evolving Body of Thought* (Waveland Press, 2005)가 있다.

특정 조원가와 조경가에 대한 훌륭한 전기는 많이 있다. 조원술에서 조경으로 이행하던 시기의 프레더릭 로 옴스테드의 중심적 역할에 대해서는 Witold Rybczynski, *A Clearing in the Distance: Frederick Law Olmsted and America in the 19th Century* (Prentice Hall and IBD, 2000)를 추천한다. Jane Waymark, *Thomas Mawson: Life, Gardens and Landscapes* (Frances Lincoln, 2009)는 영국조경가협회 초대 회장의 경력을 다룬다. 조경 분야에 대한 브렌다 콜빈의 기여는 Trish Gibson, *Brenda Colvin: A Career in Landscape* (Frances Lincoln, 2011)에서 살펴볼 수 있다. Ian McHarg, *A Quest for Life: An Autobiography* (John Wiley & Sons, 1996)는 특히 재미있다. 이와 비슷하게 로런스 핼

프린의 다채로운 경력은 그의 자서전 *A Life Spent Changing Places* (University of Pennsylvania Press, 2011)에서 생생하게 만날 수 있다. 물론 특정한 설계나 회사의 작업과 아이디어를 소개하는 연구서(monograph)도 수없이 많은데, 여기에 목록을 제시하기에는 너무 많다. 때로는 광범위한 현대의 작업을 소개하는 커다란 개요서도 있다. 최근의 출판물로는 *1000 x Landscape Architecture* (Braun, 2009)가 있다. Philip Jodidio, *Landscape Architecture Now!* (Taschen, 2012)도 있다. 이것은 잘 만든 커피 테이블용 책이지만 또 디자인 아이디어의 좋은 자료가 될 수도 있다.

몇몇 조경가는 재능 있는 설계가일 뿐만 아니라 훌륭한 작가이기도 하므로 언급해야 할 고전이 된 책들도 있다. Thomas Church, *Gardens are for the People* (3판, University of California Press, 1995)의 출판으로 모더니스트 정원설계가 시작되었다. 1950년 처음 출간된 Garrett Eckbo, *Landscape for Living* (University of Massachusetts Press, 2009)이 재간행되었다. 조경가가 출판한 책 중 가장 영향력 있는 책으로 종종 언급되는 Ian McHarg, *Design with Nature*는 25주년 기념판(John Wiley, 1995)으로 여전히 구할 수 있다.
모더니즘에 대해 더 알고 싶은 독자들에게 핵심이 되는 책으로는 Peter Walker, *Invisible Gardens: The Search for Modernism in the American Landscape* (MIT Press, 1996)가 있다. Marc Treib, *Modern*

Landscape Architecture: A Critical Review (MIT Press, 1994)와 *The Architecture of Landscape, 1940-1960* (University of Pennsylvania Press, 2002)도 중요하다. Janet Waymark, *Modern Garden Design: Innovation Since 1900* (Thames & Hudson, 2005)도 모더니즘 작업에 대한 훌륭한 연구이다. 미니멀리즘과 대지예술의 영향은 John Beardsley, *Earthworks and Beyond* (4판, Abbeville Press, 2006)와 Jeffrey Kastner, *Land and Environmental Art* (Phaidon Press, 2010)에서 찾아볼 수 있다. 학제의 경계를 넘나드는 주요 인물들의 경력은 Masayo Duus, *The Life of Isamu Noguchi: Journey without Borders* (Princeton University Press, 2006)를 참조하라. Emily Waugh, *Recycling Spaces: Curating Urban Evolution: The Landscape Design of Martha Schwartz Partners* (Thames & Hudson, 2012)는 중요하지만 종종 논쟁의 대상이 되는 실무자의 작업을 소개한다.

조경의 환경적 영향을 좀더 깊게 다룬 책을 읽고 싶다면 Aldo Leopold, *A Sand County Almanac & Other Writings on Ecology and Conservation* (reprint edition, Library of America, 2013)으로 시작할 수 있다. Robert Thayer, *Gray World, Green Heart: Technology, Nature and the Sustainable Landscape* (new edition, John Wiley & Sons, 1997)에서는 인간과 기술의 관계, 그리고 종종 이를 숨기는 일을 한 조경가의 역할을 고려한다. 같은 저자의 *LifePlace: Bioregional Thought and*

Practice (University of California Press, 2003)도 읽을 만하다. 경관생태학에 대한 쉬운 입문서로는 Wenche Dramstad, James D. Olson, Richard T. T. Forman, *Landscape Ecology Principles in Landscape Architecture and Land-Use Planning* (Island Press, 1996)을 추천한다. John Tillman Lyle, *Regenerative Design for Sustainable Development* (John Wiley & Sons, 1996)도 비슷한 시기에 출간되었고 여전히 영향력이 있다.

브라운필드 대상지의 문제와 잠재성은 여러 책에서 탐색되었는데, 특히 Justin Hollander, Niall Kirkwood, and Julia Gold, *Principles of Brownfield Regeneration: Clean up, Design, and Reuse of Derelict Land* (Island Press, 2010)와 Niall Kirkwood, *Manufactured Sites* (reprint, Taylor & Francis, 2011)를 참조하라. Alan Berger, *Drosscape: Wasting Land in Urban America* (Princeton Architectural Press, 2007)는 폐기물의 불가피함을 인식하고 심지어 그 안에서 어떠한 아름다움을 발견하기 때문에 논쟁의 대상이 되었다. 복구된 브라운필드는 Julia Czerniak and George Hargreaves, *Large Parks* (Princeton Architectural Press, 2007)[59]에도 나타나고, 탈산업 부지의 재설계에 영향을 미친 접근법을 전개한 독일의 라츠+파트너의 작업은 Udo Weilacher, *Syntax of Landscape: The Landscape Architecture of Peter Latz and Partners* (Birkhauser, 2007)에서 탐색되었다.

경관계획에 관심이 있는 사람들에게는 Tom Turner, *Landscape Planning and Environmental Impact Design* (2nd edition, Routledge, 1998)이 여전히 중요하다. 하지만 Paul Selman, *Planning at the Landscape Scale* (Routledge, 2006)과 *Sustainable Landscape Planning: The Reconnection Agenda* (Routledge, 2012)도 참고하라. Tobias Plieninger and Claude Bieling eds., *Resilience and the Cultural Landscape: Understanding and Managing Change in Human-Shaped Environments* (Cambridge University Press, 2012)도 보라. 최근 그린 인프라스트럭처에 대한 많은 책이 출판되고 있다. 예를 들면 Mark Benedict and Edward McMahon, *Green Infrastructure: Linking Landscape and Communities* (Island Press, 2006), S. Bry Sarte, *Sustainable Infrastructure: The Guide to Green Engineering and Design* (John Wiley & Sons, 2010) 등이 있다.

도시 문제는 Richard LeGates and Frederic Stout eds., *The City Reader* (Routledge, 2012)에서 다양한 관점으로 탐색되었는데, 셰리 안스타인의 중요한 논고인 「시민참여의 사다리」가 수록되었다. Walter Menzies and Phil Barton eds., *Groundwork: Partnership for Action* (CreateSpace Independent Publishing Platform, 2012)은 현재 영국의 많은 조경학과 졸업생을 고용한 영향력 있는 환경 자선단체의 이야기를 전한다.

조경과 도시설계의 밀접한 관계는 Tim Waterman and Ed Wall, *Basics Landscape Architecture 01: Urban Design* (Ava Publishing, 2009)과 Jan Gehl, *Cities for People* (Island Press, 2010)[60]의 핵심이다. 도시 문제에 대한 랜드스케이프 어버니즘의 특정한 관점은 Charles Waldheim ed., *The Landscape Urbanism Reader* (Princeton Architectural Press, 2006)에 수록된 일련의 관점을 통해 제시되었다. 랜드스케이프 어버니즘에 대한 비판은 Andres Duany and Emily Talen eds., *Landscape Urbanism and Its Discontents: Dissimulating the Sustainable City* (New Society Publishers, 2013)에서 찾아볼 수 있다. 랜드스케이프 어버니즘은 Mohsen Mostafavi and Gareth Doherty eds., *Ecological Urbanism* (Lars Muller Publishers, 2010)으로 이어지는 듯하다. 많은 찬사를 받은 뉴욕의 하이라인 프로젝트는 Joshua David and Robert Hammond, *High Line: The Inside Story of New York City's Park in the Sky* (Farrar Straus Giroux, 2011)[61]를 포함한 여러 책에 영감을 주었다.

주

머리말

1 직역하면 '잔디밭 계획'이라는 뜻.

2 램블은 전원 속을 거니는 일 혹은 그러한 일을 하는 곳이라는 뜻이며, 시프 메도는 양이 풀을 뜯어먹는 초지, 딘은 수목이 우거진 깊은 골짜기, 그레이트 론은 넓은 잔디밭이라는 뜻.

3 당시 옴스테드는 정부 조사단의 일원으로 요세미티에 파견되었다. 1864년 세계 최초의 자연공원법인 요세미티법이 제정되었고, 옴스테드는 요세미티가 미국에서 세번째 국립공원으로 지정되는 데 많은 기여를 했다.

4 중국과 미국이 수교를 맺은 해이다.

1장

5 Geoffrey Jellicoe, Susan Jellicoe, 편집부 역, 『경관변천사: 선사시대에서 현대까지의 환경조성』, 누리에, 1996.

6 잉글랜드 중남부에 산재하는 사암(砂巖).

7 19세기 후반 도시 공공 공원(public park)이 생기기 이전의 파크는 성이나 대저택 주변에 있는 숲과 사냥터를 가리키는 단어였다. 사유지인 파크와 공공녹지 공간인 공원을 구분하기 위해 전자를 '파크'로 표기한다.

8 픽처레스크는 그림(picture)+~과 같은(-esque)의 조합으로, '그림과 같은', '그림의 주제가 될 만한'이라는 뜻의 형용사이다. 이때 그림은 풍경화를 말한다.

9 런던의 노동자 계층 주거 구역.

10 나치즘을 말한다.

2장

11 니스를 만드는 데 쓰이는 천연수지.

12 노동조합원만 고용하는 사업소.

3장

13 중의적 표현.

14 1930년대 미국 중서부를 휩쓴 환경재해.

4장

15 영국건축협회 건축학교를 말한다.

16 지역주민, 전문가, 행정당국, 기업이 공동으로 참여하는 조직으로 1980년대 영국에서 시작되었다. 각 지역 트러스트 간의 활발한 협업이 특징이다.

17 도시에서 교외로 간선도로를 따라 건물들이 무질서하게 확산되는 발전 형태.

18 에번에저 하워드, 조재성 · 권원용 옮김, 『내일의 전원도시』, 한울아카데미, 2019.

19 한 지역의 장소, 환경, 기후가 주는 쾌적함.

20 특정 지점에서 볼 수 있는 지리적 영역.

21 나치스친위대의 총대장.

22 작센족은 옛 게르만의 연맹 부족. 프랑크 왕국의 샤를마뉴에 의한 작센 지방의 영토 정복 및 기독교화 정복 전쟁 중 일어난 베르덴 학살(Massacre of Verden, 782)과 관련된다. 이 사건은 19세기 말, 20세기 초 독일 민족주의자들 사이에서 특히 중시되었고, 휘볼터는 이 학살이 일어났다고 여겨지는 장소에 작센족의 숲(Sachenhain)을 설계했다. 이곳은 친위대들의 회합 장소로 이용되었다.

23 로버트 세이어, 양병이 · 장병관 옮김, 『지속가능한 경관론』, 태림문화사, 2000.

5장

24 레이크 디스트릭트에 있는 호수와 그 주변의 마을 이름. 윌리엄 워즈워스가 이곳에 살았으며, 그의 묘도 이곳에 있다.

25 볼링핀처럼 생긴 병 모양의 물체 9개를 세워놓고 공을 굴려 쓰러뜨리는 경기.

26 '19세기의 먹구름(The Storm Cloud of the Nineteenth Century)'이라는 제목의 강연을 말한다.

27 사람들이 둥글게 앉아 자유롭게 토론하고 놀이를 할 수 있도록 한 공원 시설물.

28 알도 레오폴드, 송명규 옮김, 『모래 군(郡)의 열두 달-그리고 이곳저곳의 스케치』, 따님, 히스토리아, 2023; 알도 레오폴드, 이동신 옮김, 『샌드 카운티 연감』, 이다북스, 2023.

29 레이첼 카슨, 김은령 옮김, 『침묵의 봄』, 에코리브르, 2011.

30 '자연과 함께하는 설계'로 번역될 수 있으나 우리나라 조경계에서는 외래어 표기로 통용됨.

31 사회민주노동자당, 좌파당, 녹색당으로 구성된 스웨덴의 선거 연합.

32 물의 요정.

33 나무의 요정.

34 알렉산더 포프(Alexander Pope)의 시 구절.

35 네덜란드의 식물학자이자 환경보호활동가로 네덜란드 자연유적보존협회(Society for Preservation of Nature Monuments in the Netherlands)를 창설했다.

36 플라톤, 이정호 옮김, 『크리티아스』, 아카넷, 2020.

6장

37 오타니 사치오(大谷幸夫, 1924~2013)는 일본의 건축가 및 도시설계가이다.

38 요코하마시에 있는 어린이 놀이터로 1965년 5월 5일 개원했으며, 원래 군 탄약고가 있던 곳에 조성되었다. http://g.kyoto-art.ac.jp/reports/647/

39 라틴어식 발음으로 '장소의 혼'이라는 뜻이다. 영어식으로 하면 지니어스 로사이.

40 카르네기에아 기간테아(Carnegiea gigantea). 미국 서부영화에서 흔히 볼 수 있는 커다란 나무 같은 선인장이다.

41 텍스트를 무작위로 잘게 잘라 우연성에 기반을 둔 새로운 텍스트로 만드는 기법으로 다다이즘에서 시작되었다.

42 미국의 비영리기관.

43 행동유도성. 사용자가 인지하는 속성.

7장

44 영국의 지상파 방송국.

45 어나이린 베번(Aneurin Bevan)을 말한다.

46 지역공동체나 조직의 다양한 이해 당사자들이 모여 미래에 대한 비전을 논의하고 공유하는 행사.

8장

47 젤리코는 '품위' 자체를 추구하던 것을 벗어나 경관을 회화만큼이나 의미 있게 조성해야 한다고 주장했다.

48 뿌리 끝이 모관대나 지하수면에 닿을 정도로 깊이 자라는 식물.

49 루트비히 미스 반데어로에의 제자인 프리츠 슈프(Fritz Schupp)와 마르틴 크레머(Martin Kremmer)를 말한다.

9장

50 윌리엄 펜은 영국 출신의 퀘이커교도이다. 그는 영국 왕실이 그의 아버지 윌리엄 펜 장군에게 진 빚 대신 영국의 북아메리카 식민지 필라델피아 인근의 땅을 하사받았다. 그는 영국에서 박해받던 퀘이커교도들을 이끌고 필라델피아 지역으로 이주해 도시를 형성하고 식민지시대에 이 지역을 경영했다. 펜실베이니아주의 명칭도 그의 아버지 이름과 라틴어로 '숲'을 뜻하는 '실베이니아(sylvania)'에서 유래한다.

10장

51 영국과 달리 우리나라에서는 1980년대부터 제도로서의 도시설계가 정착되었다.

52 피터 카츠, 임희지 · 정재용 · 장경철 옮김, 『뉴어바니즘-커뮤니티 건축을 향하여』, 아이씽크커뮤니케이션즈, 2007; 뉴어바니즘협회, 안건혁 · 온영태 공역, 『뉴어바니즘 헌장-지역, 근린주구, 지구, 회랑, 블록, 가로, 건물』, 한울, 2009.

53 크리스토퍼 알렉산더 · 사라 이시가와 · 머레이 실버스타인, 이용근 · 양시관 · 이수빈 옮김, 『패턴 랭귀지-도시 · 건축 · 시공』, 인사이트, 2013; 크리스토퍼 알렉산더, 한진영 옮김, 『영원의 건축』, 안그라픽스, 2013.

54 찰스 왈드하임 엮음, 김영민 옮김, 『랜드스케이프 어바니즘』, 조경, 2007; 찰스 왈드하임, 배정한 · 심지수 옮김, 『경관이 만드는 도시-랜드스케이프 어바니즘의 이론과 실천』, 한숲, 2018.

독서안내

55 제프리 젤리코, 수전 젤리코, 편집부 옮김, 『경관변천사: 선사시대에서 현대까지의 환경조성』, 누리에, 1996.

56 팀 워터맨, 조경작업소 울 옮김, 『조경 설계 키워드 52-조경가를 꿈꾸는 이들을 위한』, 나무도시, 2011.

57 존 옴즈비 사이먼즈 · 배리 스타키, 안동만 옮김, 『조경학』, 보문당, 2016.

58 캐서린 디, 이형숙 · 안준석 옮김, 『조경의 형태와 패브릭』, 기문당, 2012.

59 줄리아 처니악 · 조지 하그리브스, 배정한 · idla 옮김, 『라지 파크-공원 디자인의 새로운 경향과 쟁점』, 조경, 2010.

60 얀 겔, 이영아 옮김, 『사람을 위한 도시』, 국토연구원, 2014.

61 조슈아 데이비드 · 로버트 해먼드, 정지호 옮김, 『하이라인 스토리-뉴욕 도심의 버려진 고가 철도를 하늘공원으로 만든 두 남자 이야기』, 푸른숲, 2014.

역자 후기

조경을 '공부'한다고 하면 의아해하는 사람이 많다. 코로나 팬데믹, 그리고 기후재난 시대를 맞아 공원을 비롯한 공공녹지 공간의 중요성이 커지고, 조경에 대한 인식도 제고되었다. 하지만 학교 밖에서 만나는 사람들은 여전히 '○○조경'이라는 상호를 떠올리며 졸업 후 나무 심는 일을 하는지, 자기 집에 무슨 꽃을 심으면 좋을지, 심지어는 무슨 나무를 키워야 '식테크'에 유리한지 등을 묻는다. 물론 질문한 분야도 조경의 영역에 속하지만, 나는 그 부분은 잘 모르고, 조경의 이론 분야, 특히 역사를 주로 공부한다고 하면 더욱더 의아한 표정이 된다. 차마 더 캐묻지 못해도, 조경학에도 역사가 있는지? 아니, 조경도 학문인지? 그리고 그걸 해서 어디에 쓰는지? 그런데 너는 미술사를 공부한다고 하지 않았나? 등의 질문이 말풍선으로 떠다닌다.

조경계에서는 학계와 현장 사이 혹은 이론과 실천 사이의 간극, 조경의 대상과 과제 등을 고민하지만, 우선 조경이 무엇을 하는 분야인지에 대한 설명부터 잘해야 할 것 같다. 그런데 이런 오해는 서구에서도 마찬가지인지 영국의 공인 조경가이자 뉴캐슬대학 건축, 계획, 경관학부 조경학과 부교수인 이언 H. 톰프슨이 쓴 『조경』도 조경에 대한 오해를 풀고 조경이 하는 일의 범위를 설명하는 내용으로 시작한다. 전작 『태양왕의 정원: 루이 14세, 앙드레 르 노트르, 그리고 베르사유 정원의 조성 *The Sun King's Garden: Louis XIV, André le Nôtre and the Creation of the Gardens of Versailles*』를 먼저 접했기에 저자를 정원 역사가로 알고 있었지만, 그는 조경과 도시계획 분야에서 주로 활동한다. 정원사부터 도시계획에 이르는 광범위한 연구 영역은 조경이 얼마나 다양한 분야를 아우르는지를 알려준다. 그리고 그가 조경 입문서라는 쉽지 않은 작업을 혼자 해내기에 적합한 저자임을 증명한다.

현대적 의미의 조경(landscape architecture)은 도시에 공공 공원이 생겨난 19세기 후반에 시작되었다. landscape와 architecture가 결합된 이 단어의 유래에 대해서는 여러 가지 설이 있으나 통상적으로는 프레더릭 로 옴스테드와 캘버트 복스가 뉴욕의 센트럴파크를 조성할 시기에 자신들을 조경가(landscape architect)라고 부르면서 처음으로 사용했다고 한다. 최근의 연구를 통해 이 명칭이 당시 프랑스에서 쓰이던 직함 '아쉬텍트 페이자지스트(architecte paysagiste)'를 옴스테드가 영어로 번역한 것임이 밝혀졌고, 조경의 기원에 대한 논의가 계속 진행중이다. 그렇지만 옴스테드와 복스의 작업과 이 명명을 통해 조경(landscape architecture)이 시작되었다고 해도 과언이 아닐 것이다. 우리나라에서는 1970년대 경제성장과 국토개발 시기에 조경이 국가사업으로 도입되었고, '조경'이라는 명칭이 정식으로 사용되기 시작했다.

이런 기록을 기준으로 보면 조경은 매우 최근에 생겨난 업역/학문이다. 하지만 조경이라는 명칭이 생겨나기 이전에도 조경이라 부를 수 있는 활동은 인류가 문명 생활을 시작할 무렵부터 있었고, 대개는 정원과 관련되었다. 정원은 기본적으로 개인의 영역이고, 그 성격에 따라 실용적인 텃밭부터 한 시대의 예술이 집약된 종합예술에 이르기까지 다양한 모습으로 나타난다. 근대 이후 조경은 도시 공원뿐 아니라 다양한 분야를 다룬다. 오늘날의 조경은 작은 정원부터 광역계획에 이르는 다양한 범위(한국조경학회의 〈한국조경헌장〉에 따르면 "정원, 공원과 녹지, 광장과 가로, 건축 외부 공간, 체육 공간, 관광과 여가 공간, 역사 공간과 문화재, 해안·하천·수공간, 생태 환경, 경관

등")를 다루고, 영역 또한 설계부터 정책에 이르는 산업 전반("정책, 계획, 설계, 시공, 감리, 운영·관리, 연구, 교육, 산업 등")을 아우른다.

『조경』은 이러한 조경의 발전과 확장을 순차적으로, 또는 주제별로 소개하며, 풍부한 사례로 독자의 이해를 돕는다. 영국의 몇몇 사례들은 지엽적이라는 인상을 주기도 하지만, 이 또한 누군가에게는 유용한 참고가 되리라 믿는다. 다만 저자가 자인하듯 『조경』의 논의는 영어권 중심이고, 유럽의 사례에서도 아쉬운 점이 있다. 이는 『조경』을 읽은 뒤 다른 책을 통해 보충해야 할 것이다. 하지만 조경의 기원부터 오늘날 가장 뜨겁게 논의되는 랜드스케이프 어버니즘에 이르는 광범위한 범위를 이렇게 압축적으로 소개해낸 책은 찾기 어려울 것이다. 조경이라는 업역, 그리고 조경학이라는 학문이 무엇인지 알고 싶은 분들에게 이 책이 훌륭한 '첫단추'가 되기를 바란다.

더 읽을거리

저자가 제시한 참고문헌 중 한국어로 번역된 책들은 주에 소개했다. 더 읽을 만한 책 가운데 전공서의 성격이 강한 책들은 소개에서 제외한다.

(1) 한국조경학회 창립 50주년을 맞은 2022년을 전후로 하여 한국 조경의 역사와 주요 담론에 대한 책이 여럿 출판되었다. 해방과 전쟁 이후의 '압축적 근대'를 지나며 발전해온 한국적 맥락과 대표적인 작업, 이에 대한 비평을 통해 오늘날의 한국 조경을 조망할 수 있다.

한국조경학회 한국조경50 편집위원회 엮음, 『한국 조경 50년을 읽는 열다섯 가지 시선』(한숲)

김아연 외, 『한국 조경의 새로운 지평-커뮤니티, 건강 사회, 지속가능성, 문화경관, 조경 설계로 조망해 본』(한숲)

김아연 외, 『처음 만나는 조경학』(일조각)

이규목 외, 『이어 쓰는 조경학개론』(한숲)

(2) '조경'이라는 말은 landscape architecture를 번역한 말이지만, '경관[景]을 만드는[造] 일'이기도 하다. 어느 쪽이든 경관(landscape)은 조경의 핵심에 자리잡고 있다. 경관 개념의 정의부터 다양한 양상에 이르는 전반적인 내용은 황기원, 『경관의 해석』(서울대학교출판문화원)을 참조하라.

(3) '건·도·조'라고 축약해 부를 정도로 이론과 실천 분야에서 모두 밀접한 관계를 맺고 있는 건축과 도시, 조경이 우리나라의 근대 이후 어떻게 발전되어 갔는지에 대해서는 조경진 외, 『건축·도시·조

경의 지식 지형』(나무도시)을 참조하라. 현대적 의미의 조경이 시작된 이래 실천의 주요 부분을 차지해온 공원 또한 시대에 따라 변화해왔다. 주에서도 소개했으나 공원의 대형화와 그 이면에 숨은 담론은 조지 하그리브스 외, 『라지 파크-공원 디자인의 새로운 경향과 쟁점』(배정한 외 옮김, 조경(환경과조경))을, 이론적 쟁점은 배정한, 『현대 조경설계의 이론과 쟁점』(조경(환경과조경))을 참조하라.

(4) 19세기 후반 현대적 의미의 조경이 시작되기 전, 정원은 조경 실천의 대부분을 차지했다. 서양 정원의 흐름은 퍼넬러피 홉하우스, 『서양정원사-사진과 그림으로 보는』(윤상준 외 옮김, 대가)와 페넬로페 홉하우스 외, 『가드닝: 정원의 역사』(박원순 옮김, 시공사)를, 정원의 의미에 대한 인문학적 탐색은 질 클레망, 『정원으로 가는 길』(이재형 옮김, 홍시)과 로버트 포그 해리슨, 『정원을 말하다-인간의 조건에 대한 탐구』(조경진 외 옮김, 나무도시)를 참조하라.

도판 목록

조경

LANDSCAPE ARCHITECTURE

초판 1쇄 인쇄 2023년 10월 23일
초판 1쇄 발행 2023년 11월 1일

지은이 이언 H. 톰프슨
옮긴이 황주영

편집 강건모 김윤하
디자인 강혜림
저작권 박지영 형소진 최은진 서연주 오서영
마케팅 김선진 배희주
브랜딩 함유지 함근아 김희숙 고보미
박민재 정승민 배진성
제작 강신은 김동욱 이순호
제작처 한영문화사(인쇄) 한영제책사(제본)

펴낸곳 (주)교유당 **펴낸이** 신정민
출판등록 2019년 5월 24일
제406-2019-000052호
주소 10881 경기도 파주시 회동길 210
전자우편 gyoyudang@munhak.com
문의전화 031-955-8891(마케팅)
031-955-2680(편집)
031-955-8855(팩스)

페이스북 @gyoyubooks
트위터 @gyoyu_books **인스타그램** @gyoyu_books

ISBN 979-11-92968-50-6 03520